Python
图像处理与采集 第2版

[印] 拉维尚卡·奇特亚拉(Ravishankar Chityala)
[印] 斯林德维·普迪佩迪(Sridevi Pudipeddi)

著

周冠武 张庆红 程国建

译

U0377838

清华大学出版社
北京

内 容 简 介

本书以 Python 的安装、语句、数据类型和图像相关计算模块以及图像及其属性知识为基础,重点阐述 Python 图像处理中的空间滤波器、图像增强、仿射变换、傅里叶变换、图像分割、形态学操作、图像测量等主题技术和相关的深度学习中的神经网络和卷积神经网络,同时还介绍图像采集设备及其构成与成像原理,包括 X 射线和计算机断层扫描、磁共振成像、光学显微镜和电子显微镜。

全书共分 3 部分:第 1 部分(第 1～3 章)为 Python 计算与图像介绍,着重介绍 Python 语言与图像本身,包括数据类型和图像属性;第 2 部分(第 4～12 章)为 Python 图像处理,着重讨论基于 Python 的各种图像处理技术的软件包和函数的示例应用;第 3 部分(第 13～16 章)为 Python 图像采集,基于不同的成像原理介绍各类成像设备的构成。全书提供了大量应用实例,每章后均附有总结与习题。

本书适合作为高等院校计算机、软件工程和数学等相关专业的高年级本科生、研究生的教材,同时可供对 Python 比较熟悉并且对计算机视觉有所了解的开发人员和研究人员参考。

北京市版权局著作权合同登记号 图字:01-2021-6291

Image Processing and Acquisition using Python 2nd Edition/by Ravishankar Chityala and Sridevi Pudipeddi/ISBN:9780367198084

Copyright@ 2020 by Chapman and Hall/CRC

Authorized translation from English language edition published Chapman and Hall/CRC, a member of the Taylor & Francis Group.;All rights reserved. 本书原版由 Taylor & Francis 出版集团旗下 Chapman and Hall/CRC 出版公司出版,并经其授权翻译出版。版权所有,侵权必究。

Tsinghua University Press is authorized to publish and distribute exclusively the Chinese (Simplified Characters) language edition. This edition is authorized for sale in the People's Republic of China only, excluding Hong Kong, Macao SAR and Taiwan. No part of the publication may be reproduced or distributed by any means, or stored in a database or retrieval system, without the prior written permission of the publisher. 本书中文简体翻译版授权由清华大学出版社独家出版。此版本仅限在中华人民共和国境内(不包括中国香港、澳门特别行政区和台湾地区)销售。未经出版者书面许可,不得以任何方式复制或发行本书的任何部分。

Copies of this book sold without a Taylor & Francis sticker on the cover are unauthorized and illegal.

本书封面贴有 Taylor & Francis 公司防伪标签,无标签者不得销售。
版权所有,侵权必究。举报:010-62782989,beiqinquan@tup.tsinghua.edu.cn。

图书在版编目(CIP)数据

Python 图像处理与采集:第 2 版/(印)拉维尚卡·奇特亚拉(Ravishankar Chityala),(印)斯林德维·普迪佩迪(Sridevi Pudipeddi)著;周冠武,张庆红,程国建译.—北京:清华大学出版社,2023.1
ISBN 978-7-302-61702-0

Ⅰ.①P… Ⅱ.①拉…②斯…③周…④张…⑤程… Ⅲ.①图像处理软件 Ⅳ.①TP391.413

中国版本图书馆 CIP 数据核字(2022)第 155848 号

责任编辑:安 妮
封面设计:刘 键
责任校对:焦丽丽
责任印制:丛怀宇

出版发行:清华大学出版社
网 址:http://www.tup.com.cn,http://www.wqbook.com
地 址:北京清华大学学研大厦 A 座 邮 编:100084
社 总 机:010-83470000 邮 购:010-62786544
投稿与读者服务:010-62776969,c-service@tup.tsinghua.edu.cn
质量反馈:010-62772015,zhiliang@tup.tsinghua.edu.cn
课件下载:http://www.tup.com.cn,010-83470236
印 装 者:大厂回族自治县彩虹印刷有限公司
经 销:全国新华书店
开 本:185mm×260mm 印 张:14.75 插 页:2 字 数:364 千字
版 次:2023 年 1 月第 1 版 印 次:2023 年 1 月第 1 次印刷
印 数:1～3000
定 价:79.00 元

产品编号:090404-01

推荐序

2006 年,我第一次见到了本书作者之一——Ravishankar(Ravi)Chityala,当时他还是纽约州立大学布法罗分校东芝卒中和血管研究中心的博士研究生。Ravi 博士在医学影像领域的研究成果丰硕,颇具影响力,从那时起我就一直关注他的博士后生涯。在阅读本书时,虽然 Ravi 目前专注计算和可视化领域,但令人印象深刻的是他不断深入研究医学影像方面的知识,这使得他能够和合著者 Sridevi Pudipeddi 博士一起撰写关于医学影像方面的具有竞争力的书籍。因此,我很高兴为这本书撰写推荐序。

这是一本每位影像科学家都应该放在书桌上的书,因为图像采集和处理正在成为鉴定和量化实验测量的标准方法。而且,我相信学生和研究人员都需要一门课程或一本书作为学习图像采集和图像处理的知识来源,而本书正是对这两个主题的全面介绍,非常适合这一目的。虽然讨论的主题很复杂,但是作者简洁、有效地介绍了最常用的图像采集方式,如X 射线和计算机断层扫描、磁共振成像和显微镜等,为学习者提供了方便、有效的参考概要。

本书旨在提供实践学习,使读者能够通过应用 Python 代码编写的各种示例来理解书中介绍的概念。如果之前从未使用过 Python 语言或任何其他脚本语言,也不要气馁,因为它学习起来非常简单。作为 Perl 的长期用户,我在安装 Python 并尝试几个书中的有用示例时没有遇到任何问题。书中提供的大多数方程都附带代码,可以快速运行和修改,以供读者测试新想法并将其应用于他们自己的研究。

作为一位医学影像科学家,我非常喜欢阅读有关 X 射线、计算机断层扫描和磁共振成像的章节。作者对这些内容进行了全面的介绍,涵盖了图像采集、图像重建和伪影校正的所有重要内容。作者还为有兴趣了解更多细节的读者提供了大量参考书籍和论文。

总之,本书的优点是:

(1) 教授如何使用 Python(最简单和最有效的编程语言之一)进行图像处理。

(2) 涵盖常用的图像采集和处理技术。

(3) 通过大量清晰的示例巩固读者的理解。

Alexander Zamyatin
美国东芝医学研究所特聘科学家
伊利诺伊州弗农山

译者序

    本书涵盖图像处理和图像采集两方面的知识，注重知识的运用，着重培养读者应用 Python 处理图像以及解决实际问题的能力，是一本深入浅出地解释与图像处理和采集相关的概念、重在应用与能力培养的应用型专业教材。通过阅读本书，不仅能够帮助读者进行准确的图像分析和测量，还有助于读者更有效、更经济地进行实验。

    本书共 16 章，主要内容有 Python 及其模块简介，空间滤波器、图像增强、仿射变换、傅里叶变换、图像分割、形态学操作、图像测量等图像处理技术，以及常用的图像采集方式，包括 X 射线和计算机断层扫描、磁共振成像、光学显微镜和电子显微镜。

    本书可作为高等院校计算机、软件工程和数学等相关专业的高年级本科生、研究生的教材，也可作为计算机视觉开发技术人员和研究人员的参考用书。

    本书第 1～3 章由张庆红翻译，第 4～12 章由周冠武翻译，第 13～16 章由程国建翻译。全书的修改及统稿由周冠武完成。

    由于译者水平有限，书中不当之处在所难免，敬请广大同行和读者批评指正。

周冠武

2022 年 4 月

第 2 版前言

我们收到了购买本书第 1 版的读者的反馈,在编写本书第 2 版时,也收到了相关主题专家的反馈。

我们添加了 3 个新的章节和 1 个新的附录。在撰写第 1 版时,机器学习(machine learning,ML)和深度学习(deep learning,DL)还未成为主流。而如今,使用传统图像处理和计算机视觉技术无法解决的问题正在使用 ML 和 DL 解决。因此我们增加了神经网络和卷积神经网络(convolutional neural network,CNN)两章内容。在这两个章节中,不仅讨论了这两种网络的数学基础,还讨论使用 ML/DL 库 Keras 解决这两种网络的问题。我们还添加了一章关于仿射变换的知识,这是一种保留线条的几何变换。我们还增加了一个关于使用 joblib 进行并行计算的附录,joblib 是一个 Python 模块,该模块允许将任务分配给多个 Python 进程,这些进程可以在给定计算机的多个内核上运行。

我们还在现有章节中添加了新算法,并完善了代码注释。引入的新算法包括 Frangi 滤波器、对比度受限自适应直方图均衡化(contrast limited adaptive histogram equalization,CLAHE)、局部对比度归一化、Chan-Vese 分割、灰度形态学等。

在编写第 1 版时,我们使用 Python 2.7 来测试代码。但是自 2020 年 1 月起,Python 2.7 不再被支持。所以我们将代码修改为 Python 3,并更新了 NumPy、SciPy、Scikit 和 OpenCV 的代码。

我们真心希望您喜欢学习本书中的内容。

第 1 版前言

图像采集和处理已成为各种科学、技术、工程和数学(STEM)学科中鉴定和量化实验测量的标准方法。随着诊断成像技术的发展，如基于计算机断层扫描(computed tomography, CT)和磁共振成像(magnetic resonance imaging, MRI)的 X 射线，在医学领域中的探索已成为可能。在光学显微镜的新成像技术中已经揭示了生物和细胞功能。电子显微镜已帮助材料科学取得了进步。这些示例以及更多其他的示例都需要了解获取图像的物理方法和分析处理方法，以了解图像背后的科学知识。STEM 学科的学生和研究人员可以使用成像技术的不断发展的新模式和方法进行学习与研究。因此，图像采集和处理课程在 STEM 学科中具有广泛的吸引力，有助于更新本科和研究生课程，以便学生更好地为未来做好准备。

本书涵盖图像采集和图像处理两部分内容。在现有书籍中，有些只讨论图像采集，有些只讨论图像处理，让学生依靠两本包含不同符号和结构的书籍来进行完整的学习，而将两者的融合留给读者。

在作者整合图像处理的经验中，了解到图像处理教育的必要性。我们希望本书能够为图像采集和处理提供足够的背景资料。

读者

本书主要面向应用数学、科学计算、医学成像、细胞生物学、生物工程、计算机视觉、计算机科学、工程学和相关领域的高年级本科生和研究生，以及来自学术界和各行业的工程师和专业人士。本书可以用作高年级本科生和研究生课程，以及暑期研讨课程的教科书，还可以用于自学。作为一本完整的教材，书中提供了相关图像采集技术和相应图像处理的概述。本书还包含练习和提示，学生可以使用它们来记住关键信息。

致谢

我们非常感谢在本书编写过程中提出宝贵意见的学生、同事和朋友。我们要感谢明尼苏达大学的明尼苏达超级计算机研究所(MSI)。在 MSI，Ravi Chityala 与学生、教职员工就图像处理进行了讨论。这些讨论使他认识到需要撰写一本结合图像处理和图像采集的教材。

我们要特别感谢芝加哥大学的 Nicholas Labello 博士、明尼苏达大学的 Wei Zhang 博士、明尼苏达大学影像中心的 Guillermo Marques 博士、明尼苏达大学的 Greg Metzger 博士、明尼苏达大学的 William Hellriegel 先生、明尼苏达大学的 Andrew Gustafson 博士、亚马逊的 Abhijeet More 先生，以及 Arun Balaji 先生和 Karthik Bharathwaj 先生对原稿的校对与反馈。

我们还要感谢卡尔·蔡司显微镜公司、可视人体项目、西门子股份公司、明尼苏达大学的 Uma Valeti 博士、明尼苏达大学的 Susanta Hui 博士、明尼苏达大学的 Robert Jones 博士、明尼苏达大学的 Wei Zhang 博士和 Karthik Bharathwaj 先生为我们提供了本书中使用的图像。

我们还要感谢编辑 Sunil Nair 和编辑助理 Sarah Gelson、项目协调员 Laurie Schlags，以及 Taylor and Francis/CR 出版社的项目编辑 Amy Rodriguez 在校对和出版过程中为我们提供帮助。

引言

本书适用于科学、技术和数学各学科领域的高年级本科生、研究生和研究人员。本书涵盖了图像采集和图像处理两部分内容。图像采集的知识将帮助读者更有效、更经济地进行实验。图像处理的知识将有助于读者准确分析和测量。通过阅读本书，图像处理的概念将通过使用 Python 编写的示例变得根深蒂固。Python 长期以来被认为是非程序员最容易学习的语言之一。

Python 是一个教授图像处理的很好的选择，因为：

（1）它是免费的、开源的。由于是一个免费软件，所有的学生都可以不受限制地使用它。

（2）它免费提供适用于所有主要平台的预打包安装文件。

（3）它是科学家和工程师首选的高级语言。

（4）它被认为可能是非程序员最容易学习的语言之一。

由于成像技术的新发展以及对更高分辨率图像的科学需求，图像数据集每年都在变大。使用大量的计算机可以快速分析如此庞大的数据集。由于获得许可的成本很高，因此像 MATLAB 这样的闭源软件无法扩展到大量计算机上。另外，Python 作为免费的开源软件，可以免费扩展到数千台计算机上。出于这些原因，我们坚信使用 Python 可以满足所有学生未来对图像处理的需求。

全书包括 3 个部分：Python 编程、图像处理和图像采集。每个部分都包含多个章节，且相互独立。因此，精通 Python 编程的用户可以跳过第 1 部分，仅阅读第 2 部分和第 3 部分即可。每章都包含很多示例、详细推导以及其中讨论的技术的 Python 使用案例。章节中还穿插了有关图像采集和处理的实用技巧。每章的结尾都总结了所讨论的重点内容，并列出练习题以巩固读者的理解。

第 1 部分包括 Python 简介、Python 模块、使用 Python 读取和写入图像以及图像简介。如果读者已经熟悉该内容，则可以跳过或略过此部分。这部分是复习部分，读者将被引导到其他适合的内容学习中。

在第 2 部分中，讨论图像处理和计算机视觉算法，包括使用滤波器、仿射变换、分割、形态学运算、图像测量、神经网络和卷积神经网络的预处理和后处理。

在第 3 部分中，讨论了图像采集的多种方式，如 X 射线、计算机断层扫描（CT）、磁共振成像（MRI）、光学显微镜和电子显微镜。这些方式涵盖了学术界和工业界研究人员目前使用的大多数常见图像采集方法。

练习详情

本书的 Python 编程和图像处理部分包含测试读者在 Python 编程、图像处理和两者集成方面的技能练习。示例程序、奇数问题的解决方案可扫描下方二维码获取。

作者简介

Ravishankar Chityala 博士目前在硅谷担任首席工程师，在图像处理方面已有超过 18 年的工作经验，并在加州大学圣克鲁兹分校硅谷校区使用 TensorFlow 教授 Python 编程和深度学习。在此之前，他曾在明尼苏达大学明尼苏达超级计算研究所担任图像处理顾问。作为图像处理顾问，Chityala 博士曾与明尼苏达大学的科学、工程和医学领域的教职员工、学生以及工作人员一起工作。在与学生的互动中，他意识到他们需要具有更深入地理解和使用图像处理和采集知识的能力。Chityala 博士与他人合著了 *Essential Python*（Essential Education，加利福尼亚，2018 年），还参与编写了 *Handbook of Physics in Medicine and Biology*（CRC Press，博卡拉顿，2009 年，Robert Splinter）。他的研究兴趣是图像处理、机器学习和深度学习。

Sridevi Pudipeddi 博士拥有 11 年的本科课程教学经验。她在加利福尼亚大学伯克利分校旧金山校区教授 Python 机器学习和 Python 数据分析。Pudipeddi 博士的研究兴趣是机器学习、应用数学以及图像和文本处理。Python 的简单语法及其强大的图像处理能力，以及通过图像采集理解和量化重要实验信息的需求，激发了她合著这本书的灵感。Pudipeddi 博士还与他人合著了 *Essential Python*（Essential Education，加利福尼亚，2018 年）。

符号和缩写列表

$\sum$	求和
θ	角
$|x|$	x 的绝对值
e	2.718281
$*$	卷积
$\log$	以 10 为底的对数
$\ominus$	形态学腐蚀操作
$\oplus$	形态学膨胀操作
$\circ$	形态学开操作
$\cdot$	形态学闭操作
$\bigcup$	并集运算
λ	波长
E	能量
h	普朗克常数
c	光速
μ	衰减系数
γ	旋磁比
NA	数值孔径
ν	频率
$\mathrm{d}x$	差分
∇	梯度
$\dfrac{\partial}{\partial x}$	x 轴导数
$\nabla^2 = \Delta$	拉普拉斯算子
$\displaystyle\int$	积分
CDF	累积分布函数
CT	计算机断层扫描
DICOM	医学数字成像和通信
MRI	磁共振成像
PET	正电子发射体层成像
PSF	点扩展函数
RGB	红、绿、蓝通道

目录

第 1 部分　Python 计算与图像介绍

第 2 部分　Python 图像处理

第 3 部分　图 像 采 集

第 1 部分
Python 计算与图像介绍

第 1 章
Python 简介

1.1　简介

在开始讨论 Python 图像采集和处理之前，将对 Python 进行全面概述。本章重点介绍
Python 书籍[Bea09]、[Het10]、[Lut06]、[Vai09] 和笔者所著的 *Essential Python*[PC18] 中的一些基础知
识。如果已经熟悉 Python 且目前正在使用，那么可以跳过本章内容。

我们首先介绍 Python，然后讨论使用 Anaconda 发行版安装 Python 及其所有模块的方
法。安装完成后，将开始探索 Python 的各种特性。我们将快速浏览各种数据结构，如列
表、字典、元组和语句（如 for 循环语句、if-else 语句、迭代器和列表解析式）。

1.2　什么是 Python

Python 是一种流行的高级编程语言，可以处理各种编程任务，如数值计算、Web 开发、
数据库编程、网络编程、并行处理等。

Python 受欢迎的原因有很多，包括：

（1）它是免费的。

（2）它在所有流行的操作系统（如 Windows、Mac 或 Linux）上都可使用。

（3）它是一种解释性语言。因此，程序员可以先在命令行中测试部分代码，然后再将其
合并到自己的程序中，无须编译或链接。

（4）它提供了更快的编程能力。

（5）它在语法上比 C、C++、FORTRAN 更简单，因此具有较高的可读性，也更易于调试。

（6）它带有标准的或可在现有的 Python 中安装的模块。这些模块可执行各种任务，如
读写文件、科学计算、数据可视化等。

（7）用 Python 编写的程序几乎无须更改就可以在各种操作系统或平台上运行。

（8）它是一种动态类型的语言。因此，不必在使用变量之前声明变量的数据类型，从而
使编程经验较少的人更容易使用。

（9）它拥有专门的开发人员和用户社区，并保持最新的更新状态。

尽管 Python 具有许多优点,使其成为最受欢迎的解释性语言之一,但它也有以下缺点:

(1) 由于其重点在于更快的编程能力,因此执行速度会受到影响。一个 Python 程序的执行速度可能是一个等效的 C 语言程序的执行速度的 $\frac{1}{10}$,甚至更多。但它包含较少的代码行,并且可以通过编程轻松地处理多种数据类型。该缺点可以通过将代码的计算密集部分转换为 C 或 C++,或适当使用数据结构和模块来克服。

(2) 为使代码可读,必须进行代码缩进。然而,具有多个循环和其他结构的代码向右缩进会使代码难以阅读。

1.3   Python 环境

有多种 Python 环境可供选择。一些操作系统(如 Mac、Linux、UNIX 等)具有内置的解释器。解释器可能包含所有模块,但尚未开发科学计算模块。出售给科学界的专业发行版,已预先构建了各种 Python 科学模块。使用这些发行版时,用户不必单独安装科学模块。如果感兴趣的特定模块在发行版中不可用,则可以安装该模块。Anaconda[Ana20b] 是最受欢迎的发行版之一,安装说明可在 https://www.anaconda.com/distribution/ 上查看。

1.3.1   Python 解释器

内置在大多数操作系统的 Python 解释器可通过在终端窗口输入 python 进行启动。当解释器启动时,会出现一个命令提示符(>>>)。可以在提示符处输入 Python 命令进行处理。例如,在 Mac 中,当内置的 Python 解释器启动时,会出现类似如下所示的输出:

```
(base) mac:ipaup ravi $ python
Python 3.7.3 | packaged by conda - forge|(default, Dec 6 2019, 08:36:57)
[Clang 9.0.0 (tags/RELEASE_900/final)] :: Anaconda, Inc. on darwin
Type "help", "copyright", "credits" or "license" for more information.
>>>
```

注意,在上面的示例中,Python 解释器版本为 3.7.3,您可能有一个不同的版本。

1.3.2   Anaconda Python 发行版

Anaconda Python 发行版[Ana20a]为程序员提供了近 100 种最流行的科学 Python 模块,如科学计算、线性代数、符号计算、图像处理、信号处理、可视化、C/C++程序与 Python 的集成等。它由 Continuum Analytics 公司发布和维护,免费提供给学者,但向其他人收取一定的费用。除了 Anaconda 内置的各种模块外,程序员还可以使用 conda[Ana20b] 软件包管理器安装其他模块,而不会影响主发行版。

要从命令行访问 Python,请启动 Anaconda Prompt 可执行文件,然后输入 python。

1.4　运行 Python 程序

使用任意 Python 解释器(内置或来自发行版)都可以在操作系统(OS)命令提示符下使用该命令来运行程序。如果文件 firstprog.py 是需要执行的 Python 文件,在操作系统命令提示符下输入以下命令。

```
>> python firstprog.py
```

其中,>>是终端提示符,>>>表示 Python 提示符。

在任何操作系统下运行 Python 程序的最佳方法是使用如 IDLE 或 Spyder 的集成开发环境,因为它们提供了编辑文件和在同一界面下运行它的能力。

1.5　基本的 Python 语句和数据类型

1. 缩进

在 Python 中,代码块由缩进表示。例如下面给出的一段代码,首先打印一条消息 We are computing squares of numbers between 0 and 9。然后,遍历 0～9 范围内的值,并将其存储在变量 i 中,打印 i 的平方。最后,打印消息 We completed the task…。

在其他语言中,for 循环语句下的代码块将使用一对花括号{}进行标识。但是,在 Python 中,不使用花括号。而是通过将行 print(i * i)向右移动 4 个空格来标识代码块,也可以选择使用 Tab 键。

```
print('Computing squares of numbers between 0 and 9')
for i in range(10):
        print(i * i)
print('Completed the task...')
```

缩进有一个明显的缺点,特别是对于新的 Python 程序员而言。包含多个 for 循环语句和 if 条件语句的代码将向右缩进得更远,使代码不可读。可以通过减少 for 循环语句和 if 条件语句的数量来缓解此类问题。这不仅使代码可读,还减少了计算时间。还可以通过适当地使用列表、字典和集合等数据结构进行编程来实现。

2. 注释

注释是编程语言的重要组成部分。在 Python 中,单行注释在行首用♯表示。多行注释可以通过在块的开头和结尾处使用 3 个引号字符串(3 个单引号或 3 个双引号)来表示。

```
♯ 单行注释

'''
这是
```

```
多行
注释
'''
# 注释是解释代码的一种好方法
```

3. 变量

Python 是一种动态的语言,因此不需要像在 C/C++ 中那样指定变量类型。可以将变量想象为值容器。值可以是整数、浮点数、字符串、列表、元组、字典、集合等。

```
>>> a = 1
>>> a = 10.0
>>> a = 'hello'
```

在上面的示例中,整数值 1、浮点值 10.0 和字符串 hello 都存储在同一个变量中。然而,只有最后分配的值才是 a 的当前值。

4. 运算符

Python 支持所有常见的算术运算符,如＋、－、＊、/。它也支持常见的比较操作符,例如>、<、==、!=、>=、<=等。此外,通过各种模块,Python 还提供多种运算符用于执行三角函数、数学、几何操作等。

5. 循环

Python 中最常见的循环结构是 for 循环语句,它允许遍历对象集合。示例如下:

```
>>> for i in range(1,5):
...     print(i)
```

在上面的示例中,for 循环语句的输出是 1～5 的数字。range 函数允许创建从 1 开始到 5 结束的值。这种概念类似于在 C/C++ 或大多数编程语言中的 for 循环语句。

for 循环语句的真正强大之处在于其能够遍历其他 Python 对象,如列表、字典、集合、字符串等。我们将在后面详细地讨论这些 Python 对象。

```
>>> a = ['python','scipy']
>>> for i in a:
...     print(i)
```

在上面的程序中,for 循环语句遍历列表中的每个元素并打印。

在下面的程序中,使用 for 循环语句打印字典的内容。定义具有 lang 和 ver 两个键的字典。然后,使用 for 循环语句迭代各种键并打印相应的值。

```
>>> a = {
        'lang':'python'
        'ver':'3.6.6'
        }
>>> for keys in a:
...     print(a[key])
```

有关使用 for 循环语句遍历文本文件（如逗号分隔值文件）中各行的讨论将在后文进行。

6. if-else 语句

if-else 语句是包括 Python 的所有编程语言中常见的条件语句。下面给出了 if-elif-else 语句的示例。

```
if a < 10:
    print('a is less than 10')
elif a < 20:
    print('a is between 10 and 20')
else:
    print('a is greater than 20')
```

if-else 条件语句可以不使用条件运算符，如<、>、==等。

例如，以下 if 语句在 Python 中是合法的。该 if 语句检查列表 d 不为空的条件。

```
>>> d = []
>>> if d:
...         print('d is not empty')
... else:
...         print('d is empty')
d is empty
```

在上面的代码中，由于 d 为空，因此 else 子句为 true，进入 else 块，打印 d is empty。

1.5.1　数据结构

Python 的真正优势在于对数据结构的自由使用。对 Python 的普遍批评是，与 C/C++ 相比，它的速度较慢。如果在 Python 编程中使用了多个 for 循环语句，则尤其如此。可以通过适当地使用数据结构（如列表、元组、字典和集合）来改善这种情况。本节将介绍每种数据结构。

1. 列表

列表类似于 C/C++ 中的数组。但是，与 C/C++ 中的数组不同的是，Python 中的列表可以容纳任何类型的对象，如 int、float、string 和另一个列表。列表是可变的，因为可以通过添加或删除元素来更改列表的大小。以下示例将显示列表的功能和灵活性。

```
>>> a = ['python', 'scipy', 3.6]
>>> a.pop(-1)
3.6
>>> print(a)
a = ['python', 'scipy']
>>> a.append('numpy')
>>> print(a)
['python', 'scipy', 3.6]
```

```
>>> print(a[0])
python
>>> print(a[-1])
numpy
>>> print(a[0:2])
['python','scipy']
```

在第 1 行中,创建一个新列表。该列表包含两个字符串和一个浮点数。在第 2 行中,使用 pop 函数删除最后一个元素(索引＝－1)。弹出的元素被打印到终端。弹出之后,列表中仅包含两个元素,而不是原来的 3 个。使用 append,在列表末尾插入一个新元素 numpy。最后,在接下来的两个命令中,打印列表中索引为 0 和索引为－1(作为列表的最后位置)的值。在最后一个命令中,引入切片功能,并获得一个仅包含列表前两个值的新列表。这表示可以使用如 pop、insert 或 remove 的方法以及如切片的运算符对列表进行操作。

一个列表可能包含另一个列表。以下示例将一个包含 4 个数字的列表排列成矩阵。

```
>>> a = [[1,2],[3,4]]
>>> print(a[0])
[1,2]
>>> print(a[1])
[3,4]
>>> print(a[0][0])
1
```

在第 1 行中,定义一个包含列表的列表。值[1,2]在第 1 个列表中,值[3,4]在第 2 个列表中。将两个列表组合成二维列表。在第 2 行中,打印列表的第 1 个元素的值。注意,这将打印第 1 行或第 1 个列表,而不仅是第 1 个单元格。在第四行中,打印第 2 行或第 2 个列表的值。要获得第 1 个列表中的第 1 个元素的值,需要对列表进行索引,如第 6 行所示。可以看出,为列表中的各个元素进行索引就像调用列表中元素的位置一样简单。

尽管可以单独操作列表元素,但 Python 的强大之处在于它能够使用列表方法和列表解析式一次性地对整个列表进行操作。

2. 列表函数/方法

考虑在上一节(1. 列表)创建的列表。如下所示,可以使用第 2 行中的 sort 方法对列表进行排序。sort 方法不返回列表,而是修改当前列表。因此,现有列表的元素将按顺序排序。如果列表同时包含数字和字符串,则 Python 先对数字值进行排序,然后再按字母顺序对字符串进行排序。

```
>>> a = ['python','scipy','numpy']
>>> a.sort()
>>> a
['numpy','python','scipy']
```

3. 列表解析式

列表解析式允许从另一个列表构建列表。假设需要生成一个数字 0～9 的平方的列表。

首先生成一个数字 0～9 的列表。然后,确定每个元素的平方。

```
>>> a = list(range(10))
>>> print(a)
[0, 1, 2, 3, 4, 5, 6, 7, 8, 9]
>>> b = [x * x for x in a]
[0, 1, 4, 9, 16, 25, 36, 49, 64, 81]
>>> b = []
>>> for x in a:
        b.append(x * x)
>>> print(b)
[0, 1, 4, 9, 16, 25, 36, 49, 64, 81]
```

在第 1 行中,使用 range 函数创建一个数值 0～9 的列表,并在第 2 行中给出打印命令。在第 4 行中,列表解析式通过将 a 中的每个元素与自身相乘来进行。列表解析式的结果显示在第 5 行中。可以通过使用第 6～8 行的代码来执行相同的操作,但是列表解析式的语法更紧凑,因为它消除了两行代码、一级缩进和 for 循环语句。当应用于大型列表时,其速度也更快。

对于 Python 新手程序员,列表解析式似乎是令人生畏的。理解和阅读列表解析式最好的方式是,想象成先在 for 循环语句上操作,然后开始读/写列表解析式的左侧部分。列表解析式除了应用 for 循环语句外,还可以应用如 if-else 语句的逻辑运算。

4. 元组

元组与列表类似,不同之处在于元组是不可变的,即元组的长度和内容不能在运行时更改。从语法上讲,列表使用[ ],而元组使用( )。与列表类似,元组可以包含任何数据类型(包括其他元组)。示例如下:

```
>>> a = (1,2,3,4)
>>> print(a)
(1,2,3,4)
>>> b = (3,)
>>> c = ((1,2),(3,4))
```

在第 1 行中,定义了一个包含 4 个元素的元组。在第 4 行中,定义了一个仅包含一个元素的元组。虽然在元组中只包含一个元素,但需要添加尾随逗号,以便 Python 将其理解为元组。如果未能在该元组的末尾添加逗号,则将值 3 视为整数而不是元组。在第 5 行中,在另一个元组中创建一个元组。

5. 集合

集合指唯一对象的无序集合。要创建集合,需要使用函数集或运算符{}。示例如下:

```
>>> s1 = set([1,2,3,4])
>>> s2 = set((1,1,3,4))
>>> print(s2)
set([1,3,4])
```

在第 1 行中,创建一个包含 4 个数值的列表的集合。在第 2 行中,创建一个包含元组的集合。集合的元素必须是唯一的。因此，当打印 s2 的内容时，重复项将被删除。Python 中的集合可以使用许多常见的数学运算符来操作，如并集、交集、差集、对称差等。

由于集合不存储重复值，并且可以轻松地将列表和元组转换为集合，因此可以将它们用于更快地执行有用的操作，否则将涉及多个循环和条件语句。例如，可以通过将列表转换为集合再返回列表来获得仅包含唯一数值的列表。示例如下：

```
>>> a = [1,2,3,4,3,5]
>>> b = set(a)
>>> print(b)
set([1,2,3,4,5])
>>> c = list(b)
>>> print(c)
[1,2,3,4,5]
```

在第 1 行中，创建一个包含 6 个数值和一个重复项的列表。通过使用 set()函数将列表转换为集合。在此过程中，将删除重复值 3。然后，使用 list()函数将集合转换回列表。

6. 字典

字典存储键值对。通过在{}内包含一个键值对来创建字典。示例如下：

```
>>> a = {
        'lang':'python'
        'ver':'3.6.6'
        }
```

字典的任何成员都可以使用[]运算符进行访问，如：

```
>>> print a['lang']
python
```

如果要添加新键，则使用如下代码：

```
>>> a['creator'] = 'Guido von Rossum'
>>> print(a)
{'lang':'python','ver':'3.6.6','creator':'Guido von Rossum'}
```

在上面的示例中，添加了一个名为 creator 的新键，并存储字符串 Guido von Rossum。

在某些情况下，需要使用 in 运算符测试字典成员。如果要获取所有字典键的列表，则使用 keys()方法。

1.5.2　文件处理

本书是关于图像处理的，但是理解并能够在代码中读写文本文件是很重要的，以便写入计算结果或从外部读取输入参数。Python 提供了读取和写入文件的功能，它还具有用于读取特殊格式的函数、方法和模块，如逗号分隔值（CSV）文件、Microsoft Excel（.xls）的格式等，本节将详细介绍每种方法。

以下代码将 CSV 文件读取为文本文件。

```
>>> fo = open('myfile.csv')
>>> for i in fo.readlines():
...   print(i)
>>> fo.close()
Python,3.6.6

Django,3.0.5

Apache,2.4
```

第 1 行中,打开一个文件并返回一个新的文件对象,存储在文件对象 fo 中。第 2 行的 readlines 方法读取所有输入行。然后,for 循环语句遍历输入行,并进行打印。最后使用 close 方法关闭文件。

打印命令的输出是一个字符串。因此,为了提取每列的元素,需要应用如 split、strip 等方法的字符串操作。注意,每个打印语句的末尾都有一个额外的换行符。

1. 读取 CSV 文件

可以使用 csv 模块来代替将 CSV 文件作为文本文件读取。

```
>>> import csv
>>> for i in csv.reader(open('myfile.csv')):
...   print(i)
['Python','3.6.6']
['Django','3.0.5']
['Apache','2.4']
```

第 1 行导入 csv 模块。第 2 行中,打开 CSV 文件并使用 csv 模块中的 reader 函数读取该文件的内容。在循环的每次迭代中,CSV 文件的一行内容会返回并存储在变量 i 中。最后,打印 i 的值。

2. 读取 Excel 文件

使用 openpyxl 模块读取和写入 Microsoft Excel 文件。必须先安装 openpyxl 模块,然后才能使用它。要安装此模块,可以转到 Python 提示符窗口并输入 pip install openpyxl。或者,可以通过在 Anaconda Navigator 中选择 Environment 选项卡来安装该模块。下面是使用 openpyxl 模块读取 Excel 文件的简单示例。

```
fopenpyxl import load_workbook
wb = load_workbook('myfile.xlsx')
for sheet in wb:
    for row in sheet.values:
        for col in row:
            print(col,end = '|')
        print()
```

在第 2 行中,open_workbook()函数用于读取文件。遍历文件中的所有工作表。在这个示例中,只有一张工作表。然后遍历工作表中的每行,接着遍历每列。在打印列值的

print 函数中,指定一列必须与下一列之间用|(竖线符号)分隔。最后一个 print 函数将添加新行,以便可以在新行中打印下一行。

```
Date | Time |
2020 - 01 - 02 00:00:00 | 10:15:00 |
2020 - 01 - 05 00:00:00 | 11:00:00 |
2020 - 01 - 07 00:00:00 | 15:00:00 |
```

1.5.3　用户自定义函数

函数是一段可重用的代码,可以接受输入,也可以返回输出。如果有任何代码块被多次调用,建议将其转换为函数,然后调用该函数。

可以使用 def 关键字创建 Python 函数,示例如下:

```
import math
def circleproperties(r):
    area = math.pi * r * r;
    circumference = 2 * math.pi * r
    return area, circumference
a, c = circleproperties(5) # 圆半径为 5
print("Area and Circumference of the circle are", a, c)
```

circleproperties 函数接受一个输入参数,即半径 r。函数定义末尾的 return 语句将计算出的值(在这种情况下为面积和周长)传递给调用函数。要调用该函数,需使用函数的名称,并将半径值作为括号中的参数。最后,使用 print 函数打印圆的面积和周长。

变量 area 和 circumference 具有局部作用域,因此,变量不能在函数体外部被调用。但可以使用 global 语句将变量传递给具有全局作用域的函数。

运行上面的程序时,将得到以下输出:

```
Area and Circumference of the circle are 78.539 31.415
```

1.6　总　结

(1) Python 是一种流行的高级编程语言,用于常见的编程任务,如科学计算、文本处理、动态网站构建等。

(2) Python 发行版(如 Anaconda Python 发行版)已预先构建了许多科学模块,使科学家能够专注于他们的研究,而不是模块的安装。

(3) Python 与其他编程语言一样,使用常见的关系和数学运算符、注释语句、for 循环语句、if-else 语句等。

(4) 如果要像 Python 高手一样编程,请熟练使用列表、集合、字典和元组。

(5) Python 可以读取大多数常见的文本格式,如 CSV、Microsoft Excel 等。

1.7 练习

(1) 如果熟悉任何其他编程语言,请列出该语言与 Python 之间的区别。

(2) 编写一个 Python 程序,使用 for 循环语句打印 10~20 的数字。

(3) 创建一个州名列表,如 states = ['Minnesota','Texas','New York','Utah','Hawaii']。列表末尾添加一个元素 California。然后,打印所有的值。

(4) 使用 for 循环语句中列表的 enumerate 方法,打印问题(3)中列表的内容以及相应的索引。

(5) 创建大小为 3×3,且具有以下元素的二维列表:1,2,3|4,5,6|6,7,8。

(6) 将列表转换为集合很容易,反之亦然。例如,可以使用命令 newset = set(mylist) 将列表 mylist=[1,1,2,3,4,4,5] 转换为集合,同时可以使用命令 newlist=list(newset) 将集合转换回列表。比较 mylist 和 newlist 的内容,可以得到什么结论?

(7) 查找 join 方法的文档,连接列表['Minneapolis','MN','USA']的内容,并获得字符串"Minneapolis,MN,USA"。

(8) 思考以下 Python 代码:

```
a = [1,2,3,4,2,3,5]
b = []
for i in a:
    if i > 2:
        b.append(i)
print(b)
```

使用列表解析式重写上面的代码,减少代码行。

第 2 章
使用 Python 模块计算

2.1 简介

在第 1 章中，讨论了 Python 的基础知识，了解到 Python 带有各种内置功能或模块。这些功能或模块执行各种专门的操作，可用于执行计算、数据库管理、Web 服务器功能等。由于本书侧重于创建科学应用程序，因此重点放在 Python 的计算模块，如 SciPy、NumPy、Matplotlib、Python Imaging Library(PIL)和 Scikit 软件包。本章讨论每个模块的相关性，并通过示例解释它们的用法，还讨论新 Python 模块的创建。

2.2 Python 模块

已经创建了许多 Python 科学模块，这些模块可以在本书使用的 Python 发行版中找到。一些与本书内容相关的最受欢迎的模块包括：

(1) NumPy：一个强大的用于处理数组和矩阵的库。

(2) SciPy：提供用于执行高阶数学运算的函数，如滤波、统计分析、图像处理等。

(3) Matplotlib：提供用于绘图和其他形式的可视化的函数。

(4) Python Imaging Library：提供基本图像读取、写入和处理函数。

(5) Scikits：SciPy 的附加包。Scikit 中的模块在被开发后会添加到 SciPy 中。

在以下各节中将详细描述这些模块，查阅[BS13]、[Bre12]和[Idr12]可以了解更多信息。

2.2.1 创建模块

模块是一个 Python 文件，它包含多个函数或类，以及其他可选组件。所有这些函数和类共享一个公共的命名空间，即模块文件的名称。例如，以下程序是一个有效的 Python 模块。

```
# 文件名:examplemodules.py
version = '1.0'
def printpi():
    print('The value of pi is 3.1415')
```

在此模块中,创建了一个名为 printpi 的函数和一个名为 version 的变量。该函数执行打印 Pi(π)值的简单操作。

2.2.2　加载模块

要加载此模块,需要在 Python 命令行或 Python 程序中使用以下命令。单词 examplemodules 是模块文件的名称。

```
>>> import examplemodules
```

加载模块后,可以使用以下命令运行该函数。第一个命令打印 pi 的值以及标签,第二个命令打印版本号。

```
>>> examplemodules.printpi()
The value of pi is 3.1415
>>> examplemodules.version
'1.0'
```

上面显示的示例模块只有一个函数。一个模块可以包含多个函数或类。

在第一个示例中,加载了 datetime 模块。仅使用 date.today() 获得当前日期,代码如下。

```
>>> import datetime
>>> print(datetime.date.today())
2020 - 02 - 08
```

在第二个示例中,仅在所需的 datetime 模块中加载了必要的函数(data),代码如下。对于大型模块,建议仅导入必要的函数以使代码可读。

```
>>> from datetime import date
>>> print(date.today())
2020 - 02 - 08
```

在第三个示例中,使用 * 导入给定模块中的所有函数,代码如下。导入后,需要指定包含函数(本例中为 today())的文件名(本例中为 date)。通常不建议使用此导入方法,因为它可能导致命名空间冲突。例如,如果日期功能位于 datetime 模块中或来自其他导入语句,使用该方法产生歧义。

```
>>> from datetime import *
>>> print(date.today())
2020 - 02 - 08
```

在第四个示例中,导入一个模块(本例中为 numpy)并将其重命名为更短的名称,如 np (称为别名)。这将减少需要输入的字符数,从而减少要维护的代码行。

```
>>> import numpy as np
>>> np.ones([3,3])
array([[1., 1., 1.],
       [1., 1., 1.],
       [1., 1., 1.]])
```

就本书而言,仅关注下面详述的几个模块。

2.3 NumPy

NumPy 模块增加了使用数学函数库处理数组和矩阵的能力。NumPy 源自现已失效的模块 Numeric 和 Numarray。Numeric 首次尝试提供处理数组的能力,但它在大型数组上进行计算的速度非常慢。而 Numarray 处理小型数组的速度太慢。因此结合两者的代码库创建了 NumPy。

NumPy 具有执行线性代数、随机采样、多项式、财务函数、集合运算等功能的函数和例程。由于本书着重于图像处理,并且图像是数组,因此将使用 NumPy 的矩阵处理功能。我们将要讨论的第 2 个模块是 SciPy,它的内部使用 NumPy 进行矩阵操作。

与 C 或 C++相比,Python 的缺点是执行速度慢,因为在一定程度上它是解释执行的。用类似使用 for 循环语句的 C 程序结构编写用于数值计算的 Python 程序执行性能相当差。Python 编程提高执行速度的最佳方法是使用 NumPy 和 SciPy 模块。以下程序说明了使用 for 循环语句进行编程时的问题。在此程序中,使用 Gregory-Leibniz-Madhava 方法计算 π 的值。该方法可以表示为

$$\pi = 4 \times \left\{ 1 - \frac{1}{3} + \frac{1}{5} - \frac{1}{7} + \frac{1}{9} \cdots \right\} \tag{2.1}$$

相应的程序如下所示。在程序中,执行以下 4 个操作。

(1) 使用 NumPy 的 linspace 和 ones 函数分别创建分子和分母。可以在 NumPy 文档中找到这两个函数的详细信息。

(2) 开始一个 while 循环,找出分子和分母的比值与相应的和。

(3) 将总和的值乘 4 得到 π 的值。

(4) 打印完成操作的时间。

```
import time
import numpy as np
def main():
    noofterms = 10000000
    # 计算分母
    # 前几项是 1,3,5,7…
# den 是分母的缩写
    den = np.linspace(1,noofterms * 2,noofterms)
    # 计算分子
    # 前几项是 1, -1, 1, -1…
    # num 是分子的缩写
    num = np.ones(noofterms)
```

```
        for i in range(1,noofterms):
            num[i] = pow(-1,i)
        counter = 0
        sum_value = 0
        t1 = time.process_time()
        while counter < noofterms:
            sum_value += (num[counter]/den[counter])
            counter = counter + 1
        pi_value = sum_value * 4.0
        print("pi_value is: %f" % pi_value)
        t2 = time.process_time()
        # 确定计算时间
        timetaken = t2 - t1
        print("Time taken is: %f seconds" % timetaken)
if __name__ == '__main__':
    main()
```

运行上述程序时,将获得以下输出:

```
pi_value is 3.141593
Time taken is 6.203125 seconds
```

除了第(3)步外,下面的程序与上面的程序相同。在该程序中,不使用 while 循环或 for 循环来计算分子与分母之比的和,而是使用 NumPy 的 sum 函数来计算。

```
import numpy as np
import time
def main():
    # 级数中没有项
    noofterms = 1000000
    # 计算分母
    # 前几项是 1, 3, 5, 7, …
    # den 是分母的缩写
    den = np.linspace(1,noofterms * 2,noofterms)
    # 计算分子
    # 前几项是 1, -1, 1, -1…
    # num 是分子的缩写
    num = np.ones(noofterms)
    for i in range(1,noofterms):
        num[i] = pow(-1,i)
    # 求比值并将所有分数相加,得到 pi 的值
    # 开始计算时间
    t1 = time.process_time()
    pi_value = sum(num/den) * 4.0
    print("pi_value is: %f" % pi_value)
    t2 = time.process_time()
    # 确定计算时间
    timetaken = t2 - t1
    print("Time taken is: %f seconds" % timetaken)

if __name__ == '__main__':
    main()
```

该程序输出为：

```
pi_value is 3.141592
Time taken is 0.328125 seconds
```

第 1 个程序花费了 6.203125s，而第 2 个程序花费了 0.328125s，大约是第 1 个程序速度的 $\frac{1}{18}$。尽管本例执行的计算相当简单，但只要适当地使用 NumPy 和 SciPy，一个需要几周时间才能解决的实际问题可以在几天内完成。而且该程序很简洁，没有使用 while 循环中的缩进。

NumPy 可处理数学矩阵和向量，因此其计算速度比操作标量的传统 for 循环更快。在 NumPy 中，有两种类型的数学矩阵类：数组和矩阵。这两类被设计用于相似的目的，但是数组更具通用性，并且是 n 维的，而矩阵则有助于更快的线性代数计算。下面列出了数组和矩阵的 3 个区别。

（1）矩阵对象的秩为 2，而数组的秩 > 2。

（2）矩阵对象可以使用 ∗ 运算符相乘，而在数组上，∗ 运算符执行逐个元素的相乘。需要使用 dot() 对数组执行乘法。

（3）数组是 NumPy 的默认数据类型。

数组在 NumPy 和其他使用 NumPy 进行计算的模块中更常用。矩阵和数组可以互换，但建议使用数组。

2.4　SciPy

SciPy 是一个用于 Python 科学编程的函数、程序和数学工具的库。它使用 NumPy 进行内部计算。SciPy 是一个扩展库，允许对不同的数学应用程序进行编程，如积分、优化、傅里叶变换、信号处理、统计、多维图像处理等。

Travis Oliphant、Eric Jones 和 Pearu Peterson 在 2001 年合并了他们的模块形成 SciPy。从那时起，世界各地的志愿者都参与了维护 SciPy。

如 2.2 节所述，加载模块对 CPU 和内存的占用率很高。对于包含许多子模块的大型包（如 SciPy）尤其如此。在这种情况下，仅需要加载特定的子模块，如：

```
>>> from scipy import ndimage
>>> import scipy.ndimage as im
```

在第 1 个命令中，仅加载 ndimage 子模块。在第 2 个命令中，将 ndimage 模块命名为 im 进行加载。

在文后的章节中，将使用 SciPy 进行所有图像处理计算，因此稍后将详细讨论。

2.5　Matplotlib

Matplotlib 是 Python 的二维/三维绘图库。它使用 NumPy 数据类型，可用于在

Python 程序内生成图形。Matplotlib 功能的示例如图 2.1 所示。

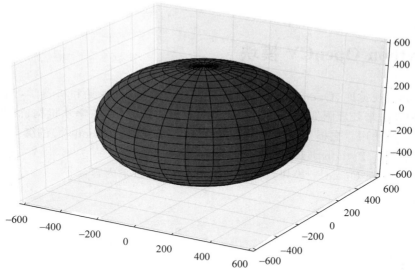

图 2.1 使用 Matplotlib 生成的绘图示例

2.6 Python Imaging Library

Python Imaging Library(PIL)是用于读取、写入和处理图像文件的模块。它支持大多数常见的图像格式，如 JPEG、PNG、TIFF 等。在第 3 章中，将使用 PIL 读取和写入图像。

2.7 Scikits

Scikits 是 SciPy 工具包的缩写形式。它是可以与 SciPy 工具一起使用的附加包。如果满足以下 3 个条件，则可以在 Scikits 中编写算法：

（1）该算法仍在开发中，尚未准备好进入 SciPy 的主要阶段。

（2）该包的许可证与 SciPy 不兼容。

（3）SciPy 是 Python 中的通用科学包。因此，对 SciPy 进行了设计，使其适用于各种领域。如果某个包被认为是特定领域的专用包，那么它便是 Scikits 的一部分。

Scikits 由来自各个领域的模块组成，如环境科学、统计分析、图像处理、微波工程、音频处理、边界值问题、曲线拟合、量子计算等。

本书将仅关注 Scikits 中名为 Scikit-Image 的图像处理例程。Scikit-Image 例程包含用于输入/输出、形态、目标检测和分析等算法。示例如下：

```
>>> from skimage import filters
>>> import skimage.filters as fi
```

在第 1 个命令中,仅加载滤波器子模块。在第 2 个命令中,将滤波器模块命名为 fi,并进行加载。

2.8　Python OpenCV 模块

开源计算机视觉库(OpenCV)[Ope20a] 是图像处理、计算机视觉和机器学习软件库。它有 2000 多种算法来处理图像数据。它具有庞大的用户基础,并在学术机构、商业组织和政府机构中被广泛使用。它提供了对常见编程语言(如 C、C++、Python 等)的绑定。本书的一些示例中都使用了 Python 绑定。

要导入 Python OpenCV 模块,可以在命令行中输入以下内容:

```
>>> import cv2
```

2.9　总　结

(1) 本章讨论了用于执行图像处理的各种 Python 模块。它们是 NumPy、SciPy、Matplotlib、Python Imaging Library、Python OpenCV 和 Scikits。

(2) 在使用模块的特定功能之前,必须先加载该模块。

(3) 除了使用现有的 Python 模块之外,还可以创建用户自定义模块。

(4) NumPy 模块使用高级数学函数库增加处理数组和矩阵的能力。NumPy 有两种用于存储数学矩阵的数据结构,即数组和矩阵。数组比矩阵更通用,并且在 NumPy 以及使用 NumPy 进行计算的所有模块中更常用。

(5) SciPy 是一个使用 Python 进行科学编程的程序和数学工具库。

(6) Scikits 用于开发新算法,可以将其合并到 SciPy 中。

2.10　练　习

(1) Python 是开源的免费软件,因此创建了许多用于图像处理的模块。请研究并讨论每个模块的优势。

(2) 尽管本书是关于图像处理的,但将图像处理操作与其他数学操作(如优化、统计等)结合也很重要,请对此进行研究。

(3) 为什么将各种函数安排为模块更方便?

(4) 给定一个 CSV 文件,其中包含各种图像文件名的完整路径列表。该文件为一列多行,每行包含一个文件的路径。请读取文件名,然后再读取图像。读取 CSV 文件的方法在第 1 章中已介绍。

(5) 修改练习(4)中的程序以读取 Microsoft Excel 文件。

(6) 创建一个大小为 5×5 的 NumPy 数组,其中包含所有随机值。计算此矩阵的转置矩阵和逆矩阵。

第3章
图像及其属性

3.1　简介

本章首先介绍 Python 中的图像、图像类型和数据结构。图像处理操作可以想象为类似于图 3.1 的工作流程。工作流程从图像读取开始,然后使用低级或高级操作处理图像,对单个像素进行处理。这种操作包括滤波、形态学、阈值化等。高级操作包括图像解释、模式识别等。处理后,图像被写入磁盘或进行可视化。可视化也可以在处理过程中执行。下面将以 Python 为例讨论这个工作流程和函数。

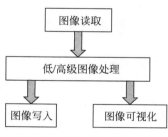

图 3.1　图像处理工作流程

3.2　图像及其属性介绍

在医学成像领域,图像可以跨越所有空间维度(x 轴、y 轴和 z 轴),也可以跨越时间维度。因此,三维图像是很常见的。在某些情况下,可以找到四维图像,如心脏 CT。在光学显微镜下,同一样本的图像可以在不同的发射和激发波长下获得。这种图像跨越多个通道,可能有 4 个以上的维度。首先通过介绍本书中使用的一些数学术语来开始讨论。

为了简单起见,假设本书中将要讨论的图像是三维立体图像。三维立体图像(I)可以用数学形式表示为

$$\alpha = I \rightarrow \mathbf{R} \text{ 且 } I \subset \mathbf{R}$$

因此,图像中的每个像素都有一个实数作为其值。在现实中存储整数比存储浮点数更容易,所以大多数图像的像素值为整数。

3.2.1　位深度

给定图像格式的像素范围由其位深度决定,范围为 $[0, 2^{\text{位深度}} - 1]$。例如,8 位图像的像

素范围是 $[0,2^8-1]=[0,255]$。具有更高位深度的图像在磁盘和内存中需要更多的存储空间。大多数常见的照片格式,如 JPEG、PNG 等,使用 8 位存储并且只有正值。

因为科学应用需要更高的精度,所以医学和显微镜图像使用更高的位深度。16 位医学图像的值在 $[0,65535]$ 范围内,共有 $65536(=2^{16})$ 个值。对于具有正、负像素值的 16 位图像,范围为 $[-32768,+32767]$。在这种情况下,值的总数是 $65536(=2^{16})$ 或位深度为 16。一个很好的示例是 CT 的 DICOM 图像。

科学图像格式以高精度存储像素值,不仅为了精确度,还为了确保物理现象记录不会丢失。例如,在 CT 中,大于 1000 的像素值表示骨骼。如果图像存储在 8 位中,骨骼的像素值将在 255 处被截断,因此信息将永久丢失。然而,CT 中最重要的像素的亮度大于 255,因此需要更高的位深度。

有一些图像格式以更高的位深度(如 32 或 64)存储图像。例如,包含 RGB(3 个通道)的 JPEG 图像的每个通道的位深度为 8,因此总位深度为 24。同样地,具有 5 个通道且每个通道的位深度为 16 的 TIFF 显微镜图像的总位深度为 80。

3.2.2 像素与体素

图像中的像素可以被认为是一个容器,其根据所使用的检测器类型收集光线或电子。在物理世界中,图像中的单个像素跨越一段距离。例如,在图 3.2 中,箭头表示与其他三个像素相邻的像素的宽度和高度。在该示例中,这个像素的宽度和高度均为 0.5mm。因此,

图 3.2 物理空间中像素的
宽度和高度

在物理空间中,行进 0.5mm 的距离相当于在像素空间中穿过 1 个像素。可以假设检测器有方形像素,即像素宽度和像素高度相同。

不同成像方式和不同检测器的像素大小可能不同。例如,与微 CT 相比,CT 的像素尺寸更大。

在医学和显微镜成像中,三维图像更为常见。在这种情况下,像素大小将具有第三维度,即像素深度。像素这一术语通常适用于二维图像,它在三维图像中被体素取代。

大多数常见的图像格式,如 DICOM、NIfTI 和一些显微镜图像格式,在它们的数据包头部包含体素尺寸。因此,当这些图像在可视化或图像处理程序中被读取时,可以进行精确地分析和可视化。如果图像数据包头部中没有体素尺寸信息,或者可视化或图像处理程序无法正确地读取数据包头部,那么使用正确的体素尺寸进行分析将是非常重要的。

图 3.3 展示了在可视化中使用错误体素尺寸的问题。图 3.3(a)是在 z 轴上使用错误体素尺寸的光学相干断层扫描图像的立体渲染。图 3.3(b)是正确体素尺寸的同一图像的立体渲染。在图 3.3(a)中,可以清楚地看到物体在 z 轴上的高度被拉长。此外,立体顶部的起伏和 5 个丘陵结构也因错误体素尺寸而变得突出。图 3.3(b)与原始图像具有相同的形状和尺寸。这个问题不仅影响可视化,还会影响对物体的任何测量。

(a) 错误体素尺寸的立体渲染　　　　(b) 正确体素尺寸的立体渲染
三维物体在z轴上拉长

图 3.3　正确和错误体素尺寸的立体渲染示例

3.2.3　图像直方图

直方图是图像中像素值分布的图形描述。图 3.4 是图像的直方图示例。x 轴是像素值，y 轴是频率或给定像素值的像素数。对于基于整数的图像，如 JPEG，其值跨越 $[0, 255]$，x 轴中值的个数为 256。这 256 个值中的每一个值都称为区间。在 x 轴上也可以使用几个区间。对于包含浮点值的图像，这些区间具有一个值范围。

直方图是确定图像质量的有效工具。图 3.4 给出了以下观察结果。

（1）直方图左侧对应较低的像素值。因此，如果较低像素值对应的频率非常高，则表示该处可能丢失了一些像素，即在第一像素的左侧，有一些值没有记录在图像中。

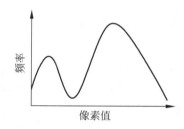

图 3.4　直方图示例

（2）对于较低的像素值，理想的直方图应该有接近 0 的频率。

（3）直方图右侧对应较高的像素值。因此，如果较高像素值对应的频率非常高，则表示饱和，即在最高值的右侧可能有一些像素从未被记录。

（4）对于较高的像素值，理想的直方图应该有接近 0 的频率。

（5）上述直方图是双峰的。两个波峰之间的波谷是可用于阈值分割的像素值。但并不是所有的图像都有双峰直方图，因此有许多使用直方图分割的技术，这些将在第 8 章讨论。

3.2.4　窗口和灰度级

人眼可以看到大范围的亮度值，然而现代显示器的性能受到严重限制。

因为显示器的亮度范围低于图像中的亮度范围，所以图像浏览应用程序在进行适当的转换后显示像素值。转换的一个示例，即窗口和灰度级，如图 3.5 所示。虽然计算机选择了一个转换，但用户可以通过改变窗口范围和灰度级来修改它。窗口允许修改显示器的对比度，而灰度级则会改变显示器的亮度。

3.2.5 连通性:4 或 8 像素

本节的实用性将在第 7 章的卷积讨论中体现得更为明显。在卷积操作过程中,掩码或核被放置在图像像素的顶部。输出图像像素的最终值是由掩码中的值和图像中的像素值的线性组合来确定的。线性组合可以计算为 4 连通像素或 8 连通像素。在图 3.6 所示的 4 连通像素的情况下,该过程在顶部像素、底部像素、左像素和右像素上执行。在 8 连通像素的情况下,该过程还在左上角像素、右上角像素、左下角像素和右下角像素上执行。

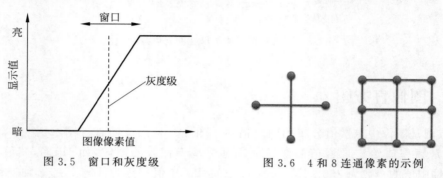

图 3.5 窗口和灰度级

图 3.6 4 和 8 连通像素的示例

3.3 图像类型

目前图像文件有 100 多种格式。如 JPEG、GIF、PNG 等格式用于摄影图像。如 DICOM、NIFTI 和 Analyze AVW 等格式用于医学成像。显微镜成像采用 TIFF、ICS、IMS 等格式。下面将讨论其中的一些格式。

3.3.1 JPEG

JPEG 代表联合摄影专家组,这是一个为向文本终端添加图像而成立的联合委员会。它的扩展名是.jpg 或.jpeg。它是最流行的格式之一,因为它能够以最小的视觉损失显著地压缩数据。在万维网的时代,JPEG 变得流行,因为它有助于节省图像数据传输的带宽。它是一种有损格式,使用离散余弦变换(DCT)来压缩数据,可以通过对压缩的参数进行调整以最小化损失。由于 JPEG 在使用 DCT 转换后才存储图像数据,因此不太适合存储线条、曲线等精细结构的图像,这类图像最好存储为 PNG 或 TIFF。JPEG 图像可以使用内置在大多数计算机中的图像查看器进行查看。由于 JPEG 图像可以压缩,因此图像标准(如 TIFF、DICOM)需要压缩时,可以使用 JPEG 格式来存储图像数据。

3.3.2 TIFF

TIFF 代表标记图像文件格式,扩展名是.tif 或.tiff。最新版本的 TIFF 标准是 6.0。

它于 20 世纪 80 年代被创建,用于存储和编码扫描文档,由 Aldus 公司开发,后来被 Adobe 公司收购。因此,TIFF 标准的版权由 Adobe 公司持有。

它最初是为单比特数据开发的,但如今的标准允许存储 16 位数据,甚至是浮点数据。在科学实验中使用的电荷耦合器件(charged coupled device,CCD)相机获取的图像的分辨率超过 12 位,因此存储高精度的 TIFF 图像被广泛使用。可以使用 JPEG 有损压缩在内部存储 TIFF 图像,也可以使用 LZW 等无损压缩存储。

它在显微镜图像中很受欢迎,因为其每个通道的每个像素都具有更高的位深度(大于 12 位),并且能够在一个 TIFF 文件中存储一系列图像。后者有时被称为三维 TIFF。大多数流行的显微镜图像处理软件都可以读取大多数形式的 TIFF 图像。简单的 TIFF 图像可以使用内置在大多数计算机中的图像查看器进行查看。从科学实验中生成的 TIFF 图像最好使用该领域的专业应用程序进行查看。

3.3.3　DICOM

医学数字成像和通信(Digital Imaging and Communications in Medicine,DICOM)是一种编码和传输医学 CT 和 MRI 数据的标准格式。这种格式将图像信息与其他数据(如患者信息、采集参数等)一起存储。DICOM 图像被放射学、神经学、外科、心脏病学、肿瘤学等各个学科的医生使用。每年有 20 多个 DICOM 委员会会晤 4～5 次并更新标准。它由国家电气制造商协会(NEMA)管理,该协会拥有 DICOM 标准的版权。

DICOM 格式使用 JPEG、MPEG、TCP/IP 等测试工具进行内部工作,这使得 DICOM 工具更易部署和创建。DICOM 标准还定义了图像传输、存储和其他相关工作流程。由于 DICOM 标准已经流行,因此创建了许多图像处理阅读器和查看器来读取、处理和写入图像。

DICOM 图像具有与其他图像格式相似的数据头和图像数据。但是与其他数据头不同,DICOM 数据头不仅包含图像大小、像素大小等信息,还包含患者信息、医生信息和图像参数等。图像数据可以使用 JPEG、无损 JPEG、运行长度编码(run length encoding,RLE)等技术压缩。与其他格式不同,DICOM 标准既定义数据格式,还定义传输协议。

下面的列表是 DICOM 数据头的部分示例。为了保护隐私,病人和医生的信息被删除或被更改。第 0010 节包含病人信息,第 0009 节详细说明用于采集图像的 CT 机,第 0018 节详细说明采集的参数等。

```
0008,0022 Acquisition Date: 20120325
0008,0023 Image Date: 20120325
0008,0030 Study Time: 130046
0008,0031 Series Time: 130046
0008,0032 Acquisition Time: 130105
0008,0033 Image Time: 130108
0008,0050 Accession Number:
0008,0060 Modality: CT
0008,0070 Manufacturer: GE MEDICAL SYSTEMS
0008,0080 Institution Name: --------------------
0008,0090 Referring Physician's Name: XXXXXXX
```

```
0008,1010 Station Name: CT01_OC0
0008,1030 Study Description: TEMP BONE/ST NECK W
0008,103E Series Description: SCOUTS
0008,1060 Name of Physician(s) Reading Study:
0008,1070 Operator's Name: ABCDEF
0008,1090 Manufacturer's Model Name: LightSpeed16
0009,0010 --- : GEMS_IDEN_01
0009,1001 --- : CT_LIGHTSPEED
0009,1002 --- : CT01
0009,1004 --- : LightSpeed16
0010,0010 Patient's Name: XYXYXYXYXYXYX
0010,0020 Patient ID: 213831
0010,0030 Patient's Birth Date: 19650224
0010,0040 Patient's Sex: F
0010,1010 Patient's Age:
0010,21B0 Additional Patient History:
          ? MASS RIGHT EUSTACHIAN TUBE
0018,0022 Scan Options: SCOUT MODE
0018,0050 Slice Thickness: 270.181824
0018,0060 kVp: 120
0018,0090 Data Collection Diameter: 500.000000
0018,1020 Software Versions(s): LightSpeedverrel
0018,1030 Protocol Name: 3.2 SOFT TISSUE NECK
0018,1100 Reconstruction Diameter:
0018,1110 Distance Source to Detector: 949.075012
0018,1111 Distance Source to Patient: 541.000000
0018,1120 Gantry/Detector Tilt: 0.000000
0018,1130 Table Height: 157.153000
0018,1140 Rotation Direction: CW
0018,1150 Exposure Time: 2772
0018,1151 X-ray Tube Current: 10
0018,1152 Exposure: 27
0018,1160 Filter Type: BODY FILTER
0018,1170 Generator Power: 1200
0018,1190 Focal Spot(s): 0.700000
0018,1210 Convolution Kernel: STANDARD
```

用来操作 DICOM 图像的各种软件都可以在网上找到。下面根据用户需求对这些软件进行分类。用户可能需要：

（1）一个具有较少操作选项的简单查看器，如 ezDICOM[Ror20]。

（2）一个可以操作图像和执行渲染的查看器，如 Osirix[SAR20]。

（3）一个具有图像操作能力的查看器，还可以使用插件进行扩展，如 Image J。

下面分别介绍这 3 种查看器。

（1）ezDICOM：它提供了足够的功能，允许用户查看和保存 DICOM 文件，而无须在系统中安装任何其他复杂软件。它只适用于 Windows 操作系统，可以读取 DICOM 文件并以其他文件格式保存，还可以将图像文件转换为分析格式。

（2）Osirix：它是一个具有扩展功能的查看器，可以免费使用，但它只能在 Mac OS X 中使用。与其他 DICOM 查看器一样，它可以读取和存储不同格式的文件和视频。可以进

行多平面重建（MPR）、三维表面渲染、三维立体渲染和内窥镜检查，还可以查看四维
DICOM 数据。表面渲染数据也可以存储为 VRML、STL 文件等。

（3）ImageJ：它由美国国立卫生研究院（NIH）资助，是开源的，采用 Java 编写，用户可
以添加自己的 Java 类或插件。它适用于所有主要的操作系统，如 Windows、Linux、UNIX、
Mac 等，可以读取所有 DICOM 格式，并可以将数据存储为各种常见文件格式和视频。这些
插件允许各种图像处理操作。由于插件很容易被添加，因此图像处理操作的复杂性仅限于
用户对 Java 的了解。ImageJ 是一种流行的图像处理软件，附录 C 给出了它的简要介绍。

3.4　图像分析的数据结构

图像数据一般存储为数学矩阵。通常情况下，大小为 1024×1024 的二维图像存储在相
同大小的矩阵中。同样地，三维图像存储在三维矩阵中。在 NumPy 中，数学矩阵称为
NumPy 数组。图像被读取并存储为一个 NumPy 数组，然后使用 Python 模块中的函数或
用户自定义函数进行处理，后面章节将详细讨论。

由于 Python 是一种动态类型化的语言（即没有定义数据类型），因此它将在运行时确
定图像的数据类型和大小，并进行正确的存储。

3.5　图像读取、写入和显示

3.5.1　读取图像

经过大量的研究，我们决定使用 Python 的计算机视觉模块：OpenCV[OPE20] 用来读、写
图像；PIL 模块用来读取图像；Matplotlib 的 pyplot 模块用来显示图像。

OpenCV 被导入为 cv2。使用 imread 函数读取图像并返回 ndarray。cv2.imread 支持
以下文件格式：

（1）Windows 位图：*.bmp、*.dib。

（2）JPEG 文件：*.jpeg、*.jpg 和 *.jpe。

（3）JPEG 2000 文件：*.jp2。

（4）便携式网络图形：*.png。

（5）便携式图像格式：*.pbm、*.pgm 和 *.ppm。

（6）TIFF 文件：*.tiff、*.tif。

下面是用于读取图像的 cv2 代码片段。

```
import cv2
# 读取图像并将其转换为 ndarray
img = cv2.imread('Picture1.png')

# 将 img 转换为灰度图像
```

```
img_grayscale = cv2.cvtColor(img, cv2.COLOR_BGR2GRAY)
```

首先导入 cv2,使用 cv2. imread 函数将图像读取为 ndarray。接着使用函数 cvtColor 将彩色图像转换为灰度图像,它的第 1 个参数是图像的 ndarray,第 2 个参数是 cv2. COLOR_BGR2GRAY。cv2. COLOR_BGR2GRAY 将 RGB 图像(三通道 ndarray)转换为灰度图像(单通道 ndarray),使用公式如下:

$$y = 0.299 \times R + 0.587 \times G + 0.114 \times B \tag{3.1}$$

另一种读取图像的方法是使用 PIL 模块的 Image 类,示例代码如下。

```
from PIL import Image
import numpy as np
# 读取图像并将其转换为灰度图像
img = Image.open('Picture2.png').convert('L')
#  将 PIL 图像对象转换为 NumPy 数组
img = np.array(img)
# 在 img 上执行图像处理
img2 = image_processing(img)
# 使用 PIL 将 ndarray 转换为图像以进行保存
im3 = Image.fromarray(img2)
```

在上述代码中,从 PIL 模块导入 Image 类。打开 Picture. png 图像,使用 convert('L')将三通道图像转换为单通道灰度图像,结果是一个 PIL 图像对象。然后,使用 np. array 函数将这个 PIL 图像对象转换为 NumPy ndarray,因为 Python 中的大多数图像处理模块只能处理 NumPy 数组,不能处理 PIL 图像对象。在 ndarray 上执行了一些图像处理操作之后,使用 Image. fromarray 将 ndarray 转换为图像,以便可以进行保存或可视化。

3.5.2　使用 pyDICOM 读取 DICOM 图像

使用 Python 中的模块 pyDICOM[MAS20] 来读、写或操作 DICOM 图像。读取 DICOM 图像的过程类似于 JPEG、PNG 等,但使用的不是 cv2,而是 pyDICOM 模块。pyDICOM 模块在发行版中没有默认安装,详情请参阅[MAS20]的 pyDICOM 文档。如果要读取 DICOM 文件,首先要导入 DICOM 模块,然后使用 read_file 函数读取文件,代码如下。

```
import dicom
ds = dicom.read_file("ct_abdomen.dcm")
```

3.5.3　写入图像

本书使用 cv2. imwrite 写入或保存图像。cv2. imwrite 函数支持以下文件格式:
(1) JPEG 文件: * . jpeg、* . jpg 和 * . jpe。
(2) 便携式网络图形: * . png。
(3) 便携式图像格式: * . pbm、* . pgm 和 * . ppm。
(4) TIFF 文件: * . tiff、* . tif。
下面是一个读、写图像的示例代码片段。imwrite 函数以图像的文件名和 ndarray 作为输入。使用文件名中的文件扩展名标识文件格式。

```
import cv2
img = cv2.imread('image1.png')
# cv2.imwrite 读取 ndarray
cv2.imwrite('file_name', img)
```

在接下来的章节中,将继续使用上述方法来写入或保存图像。

3.5.4　使用 pyDICOM 写入 DICOM 图像

要写入 DICOM 文件,首先要导入 DICOM 模块,然后使用 write_file 函数写入文件,函数的输入是 DICOM 文件名和需要存储的数组,代码如下。

```
import dicom
datatowrite = dicom.write_file("ct_abdomen.dcm",datatowrite)
```

3.5.5　显示图像

本书使用 matplotlib.pyplot 显示图像。下面是读取和显示图像的示例代码片段。

```
import cv2
import matplotlib.pyplot as plt
# cv2.imread 读取图像并将其转换为 ndarray
img = cv2.imread('image1.png')
# 导入 matplotlib.pyplot 以灰度显示图像
# 如果未提供灰度图像,则图像将以彩色显示
plt.imshow(img, 'gray')
plt.show()
```

导入 cv2 和 matplotlib.pyplot 模块。注意,将 matplotlib.pyplot 命名为 plt。使用 cv2.imread 读取图像,使用 plt.imshow 显示图像。当希望显示灰度图像时,需要向 plt. imshow 函数提供字符串 gray。

注意,还可以使用 plt.imshow 显示 DICOM 图像,因为 pyDICOM 的 read_file 函数还返回一个数据对象,该对象包含图像数据 ndarray。

3.6　编程范式

如 3.1 节所述,图像处理的工作流程(图 3.1)从图像读取开始,以将图像写入文件或对其可视化结束。图像处理操作是在读、写或可视化图像之间执行的。本节将介绍用于读、写或可视化图像的代码片段。该代码片段将用于本书介绍的大多数程序。

以下是使用 cv2 和 Matplotlib 的示例代码。

```
# cv2 模块的 imread 函数将图像读取为 ndarray
# cv2 模块的 imwrite 函数写入图像
```

```
import cv2
import matplotlib.pyplot as plt

img = cv2.imread('image1.png')

# 转换 img 为灰度图像(如果需要)
img_grayscale = cv2.cvtColor(img, cv2.COLOR_BGR2GRAY)

# 处理 img_grayscale,获得 img_processed
# 函数 image_processing 可以执行任何图像处理或计算机视觉操作
img_processed = image_processing(img_grayscale)

# cv2.imwrite 读取 ndarray 并存储它
cv2.write('file_name.png', img_processed)

# 导入 matplotlib.pyplot 以灰度图像方式显示
plt.imshow(img_processed, 'gray')
plt.show()
```

在上述代码中,导入 cv2 模块,然后将 matplotlib.pyplot 作为 plt 导入。使用 cv2.imread 读取 image1.png 并返回 ndarray。使用 cv2.cvtColor 和参数 cv2.COLOR_BGR2GRAY 将三通道 ndarray 转换为单通道 ndarray,并将其存储在 img_grayscale 中。

在图像 img_grayscale 上执行图像处理(假设函数 image_processing 已经存在)并将其赋值给 img_processed。使用 cv2.write 保存 img_processed,它将 ndarray 转换为图像。接着使用 plt.imshow 进行可视化,ndarray 是 plt.imshow 函数必要的输入参数,图像类型是可选参数。在这个示例中,图像类型选择为 gray。

下面是另一段示例代码。其中,使用 PIL 和 matplotlib 替代 cv2 来读取并写入图像。

```
# 使用 PIL 模块读取并保存图像
from PIL import Image
import matplotlib.pyplot as plt

# 打开图像并将其转换为灰度图像
img = Image.open('image2.png').convert('L')
# 将 PIL 图像对象转换为 NumPy 数组
img = np.array(img)

# 处理 img_grayscale,获得 img_processed
img_processed = image_processing(img)
# 转换 ndarray 为 PIL 图像
img_out = Image.fromarray(img_processed)

# 将图像保存为文件
img_out.save('file_name.png')

#显示灰度图像
plt.imshow(img_processed, 'gray')
plt.show()
```

在上述代码中,Image 类是从 PIL 导入的,然后将 Matplotlib 导入为 plt。使用 Image.open 读取图像,然后使用 convert('L')将图像从三个通道转换到单通道图像。接着使用 np.array 函数将 PIL 图像转换为 ndarray。然后,在 img 上执行图像处理操作(假设函数 image_processing 函数已经存在)并赋值给 image_processed。使用 Image.fromarrray 将 img_processed 转换(这是一个 ndarray)为 PIL 图像对象。使用 PIL 的 Image 类中的 save 方法保存 img_processed,并使用 plt.imshow 可视化图像。ndarray 是 plt.imshow 函数的必要输入参数,图像类型是可选参数。在该示例中,图像类型选择为 gray。

3.7　总结

(1) 在图像处理之前应读取图像文件,然后将图像写入文件或进行可视化。

(2) 图像一般以矩阵的形式存储。在 Python 中,它被处理为一个 NumPy 的 n 维数组或 ndarray。

(3) 图像具有各种属性,如位深度、像素/体素大小、直方图、窗口级别等。这些属性影响图像的可视化和处理。

(4) 为了满足图像处理的需要,创建了数百种图像格式。其中,JPEG、PNG 等通常用于照片,而 DICOM、Analyze AVW 和 NIFTI 用于医学图像处理。

(5) 除了处理这些图像外,使用图形工具(如 ezDICOM、Osirix、ImageJ 等)查看图像也是很重要的。

(6) 有很多方法可以读取和写入图像。本章介绍了其中的一种方法,后面的章节中将继续使用这种方法。

3.8　练习

(1) 大小为 100×100 的图像的各向同性像素大小为 $2×2\mu m$。前景的像素数为 1000。试求前景和背景的面积(单位为平方微米)。

(2) 使用一系列的图像来创建大量数据。有 100 张大小为 100×100 的图片。体素大小为 2×2×2 微米。给定前景中的像素数为 10000,确定前景的体积(单位为 μm^3)。

(3) 直方图绘制了各种像素值的出现频率。该图可以转换为概率密度函数或 pdf,y 轴是各种像素值的概率。如何实现这一点?

(4) 如果要可视化窗口或灰度级,请在任意图像处理软件(如 ImageJ)中打开图像。调整窗口和灰度级,并描述在窗口和灰度级的不同值下所看到的细节。

(5) 显微镜图像有专门的格式,请对这些格式进行研究。

第 2 部分
Python 图像处理

第4章
空间滤波器

4.1 简介

到目前为止,已经介绍了 Python 及其科学模块的基础知识。本章并开始学习图像处理。第一个需要掌握的概念为滤波,它是图像品质和进一步处理的核心。

我们将过滤器(如水质过滤器)与去除不良杂质相关联。同样地,在图像处理中,滤波器可去除不想要的干扰,如噪声。在某些情况下,干扰可能会在视觉上分散注意力,也可能会在后续图像处理中产生错误。一些滤波器还可用于抑制图像中的某些特征并突出其他特征。例如,一阶导数滤波器和二阶导数滤波器可用于确定或增强图像边缘。

滤波器有两种类型:线性滤波器和非线性滤波器。线性滤波器包括均值、拉普拉斯算子和高斯拉普拉斯算子。非线性滤波器包括中值、最大值、最小值、Sobel、Prewitt 和 Canny 滤波器。

图像增强可以在两个域中完成:空间域和频域。空间域由图像中的所有像素构成。图像中的距离(以像素为单位)对应以微米、英寸等为单位的实际距离。图像的傅里叶变换后的域称为频域。我们将从空间域中的图像增强技术开始讲解,第 7 章将讨论使用频域或傅里叶域的图像增强。

本章使用的 Python 模块为 Scikits 和 SciPy。SciPy 文档可在 [Sci20c] 中查阅,Scikits 文档可在 [Sci20a] 中查阅,SciPy ndimage 文档可在 [Sci20d] 中查阅。

4.2 滤波

像水质过滤器去除杂质一样,图像处理滤波器从图像中去除不需要的特征(如噪声)。每种滤波器都有特定的用途,旨在消除某种类型的噪声或增强图像的某些方面。下面将讨论多种滤波器的用途及它们对图像的影响。

为了进行滤波,需要使用滤波器或掩码。通常用一个二维方形窗口在整个图像中移动,一次仅影响一个像素。滤波器中的每个数字称为系数。滤波器中的系数决定了滤波器的效果,并因此决定了输出图像的品质。下面以一个 3×3 滤波器 F 为例,该滤波器如图 4.1 所示。

如果(i,j)是图像中的像素,则围绕(i,j)且与滤波器具有相同尺寸的子图像可视为用于滤波的图像。滤波器的中心与(i,j)重叠。子图像中的像素与滤波器中的相应系数相乘,生成与滤波器大小相同的矩阵。使用数学方程式化简矩阵以获得单个值,该值将替换图像的(i,j)中的像素值。数学方程式的确切性质取决于滤波器的类型。例如,在均值滤波器的情况下,$F_i=1/N$,其中 N 是滤波器中的元素数目。通过对图像中的每个像素重复放置滤波器,计算单个值并替换原始图像中的像素值以获取滤波后的图像。这种在图像上滑动滤波器窗口的过程在空间域中称为卷积。

以下是图像 I 中以(i,j)为中心的子图像,如图 4.2 所示。

F_1	F_2	F_3
F_4	F_5	F_6
F_7	F_8	F_9

图 4.1 3×3 滤波器

$I(i-1,j-1)$	$I(i-1,j)$	$I(i-1,j+1)$
$I(i,j-1)$	$I(i,j)$	$I(i,j+1)$
$I(i+1,j-1)$	$I(i+1,j)$	$I(i+1,j+1)$

图 4.2 3×3 子图像

图 4.1 的滤波器与图 4.2 的子图像的卷积过程如下:

$$I_{\text{new}}(i,j)=F_1\times I(i-1,j-1)+F_2\times I(i-1,j)+F_3\times I(i-1,j+1)+$$
$$F_4\times I(i,j-1)+F_5\times I(i,j)+F_6\times I(i,j+1)+$$
$$F_7\times I(i+1,j-1)+F\times I(i+1,j)+F_9\times I(i+1,j+1) \quad (4.1)$$

其中,$I_{\text{new}}(i,j)$是位置(i,j)的输出值。图像中的每个像素都必须重复此过程。由于滤波器在卷积过程中起着重要的作用,因此该滤波器又称为卷积核。

图像中的每个像素都必须执行卷积操作(包括图像边界处的像素)。当滤波器放置在边界像素上时,滤波器的一部分将位于边界外。由于边界外不存在图像像素,因此必须在卷积之前创建新值。在边界外创建像素的过程称为填充。可以假定填充的像素为零值或常数。其他填充选项(如近邻填充或反射)会使用图像中的像素值创建填充的像素。在零值的情况下,填充的像素全为零。在常数的情况下,填充的像素取特定值。在反射的情况下,填充的像素采用最后一行或最后一列的值。被填充的像素仅用于卷积,卷积后将被丢弃。

下面的示例将显示不同的填充选项。图 4.3(a)是一个使用 3×5 滤波器进行卷积的 7×7 输入图像,滤波器的中心位于$(1,2)$。为了包含用于卷积的边界像素,在图像上、下方各填充一行,并在左、右两侧各添加两列。通常,滤波器的大小决定了将填充到图像中的行和列的数量。

(1) 零值填充:为所有填充的像素分配零值,如图 4.3(b)所示。

(2) 常数填充:所有填充的像素均使用常数值 5,如图 4.3(c)所示。可以根据要处理的图像类型选择常数值。

(3) 最近邻填充:将最后一行或最后一列的值用于填充,如图 4.3(d)所示。

(4) 反射填充:将最后一行或最后一列的值反射在图像边界上,如图 4.3(e)所示。

(5) 环绕填充:边界外的第一行(或列)采用图像中第一行(或列)的值,以此类推,如图 4.1(f)所示。

0	2	5	7	3	10	9
11	1	4	6	8	2	0
0	12	10	9	7	4	5
1	9	7	8	13	11	0
5	10	14	6	2	1	0
7	6	11	3	13	8	4
3	9	6	12	7	10	5

(a) 7×7 的输入图像

0	0	0	0	0	0	0	0	0	0	0
0	0	0	2	5	7	3	10	9	0	0
0	0	11	1	4	6	8	2	0	0	0
0	0	0	12	10	9	7	4	5	0	0
0	0	1	9	7	8	13	11	0	0	0
0	0	5	10	14	6	2	1	0	0	0
0	0	7	6	11	3	13	8	4	0	0
0	0	3	9	6	12	7	10	5	0	0
0	0	0	0	0	0	0	0	0	0	0

(b) 零值填充

5	5	5	5	5	5	5	5	5	5	5
5	5	0	2	5	7	3	10	9	5	5
5	5	11	1	4	6	8	2	0	5	5
5	5	0	12	10	9	7	4	5	5	5
5	5	1	9	7	8	13	11	0	5	5
5	5	5	10	14	6	2	1	1	5	5
5	5	7	6	11	3	13	8	4	5	5
5	5	3	9	6	12	7	10	5	5	5
5	5	5	5	5	5	5	5	5	5	5

(c) 常数填充

0	0	0	2	5	7	3	10	9	9	10
0	0	0	2	5	7	3	10	9	9	9
11	11	11	1	4	6	8	2	0	0	0
0	0	0	12	10	9	7	4	5	5	5
1	1	1	9	7	8	13	11	0	0	0
5	5	5	10	14	6	2	1	1	1	1
7	7	7	6	11	3	13	8	4	4	4
3	3	3	9	6	12	7	10	5	5	5
3	3	3	9	6	12	7	10	5	5	5

(d) 最近邻填充

2	0	0	2	5	7	3	10	9	9	10
2	0	0	2	5	7	3	10	9	9	10
1	11	11	1	4	6	8	2	0	0	2
12	0	0	12	10	9	7	4	5	5	4
9	1	1	9	7	8	13	11	0	0	11
10	5	5	10	14	6	2	1	1	1	1
6	7	7	6	11	3	13	8	4	4	8
9	3	3	9	6	12	7	10	5	5	10
9	3	3	9	6	12	7	10	5	5	10

(d) 反射填充

5	10	3	9	6	12	7	10	5	3	9
9	10	0	2	5	7	3	10	9	0	2
0	2	11	1	4	6	8	2	0	11	1
5	4	0	12	10	9	7	4	5	0	12
0	11	1	9	7	8	13	11	0	1	9
1	1	5	10	14	6	2	1	1	5	10
4	8	7	6	11	3	13	8	4	7	6
5	10	3	9	6	12	7	10	5	3	9
9	10	0	2	5	7	3	10	9	0	2

(f) 环绕填充

图 4.3 不同的填充选项示例

4.2.1 均值滤波器

在数学中,函数分为线性和非线性两大类。如果下式成立,函数 f 是线性的;否则,f 是非线性函数。线性滤波器是线性函数的扩展。

$$f(x + y) = f(x) + f(y) \tag{4.2}$$

均值滤波器是线性滤波器的一个典型示例。均值滤波器 F(图 4.1)的系数为 1。为了避免在滤波后缩放像素值,将整个图像除以滤波器中的像素数。例如,3×3 子图像将除 9。

与本章讨论的其他滤波器不同,均值滤波器没有 scipy.ndimage 模块函数。但是,可以使用卷积函数来达到预期的结果。以下是卷积的 Python 函数签名:

```
scipy.ndimage.filters.convolve(input, weights)
必需参数:
input 是一个 NumPy 的 ndarray 数组.
weights 是一个 ndarray 数组,由均值滤波器的系数 1 组成.
可选参数:
mode 决定了通过填充处理数组边框的方法。不同的选项有 constant、reflect、nearest、mirror、wrap。
cval 是当 mode 选项为 constant 时指定的标量值,默认值为 0.0。
origin 是确定滤波器原点的标量。默认值 0 对应原点(参考像素)位于中心的滤波器。在二维情况
下,origin = 0 表示(0,0)。
返回:输出是一个 ndarray 数组。
```

以下程序用于解释均值滤波器的用法。滤波器(k)是大小为 5×5 的 ndarray 数组,所有的值为 1/25,然后使用 scipy.ndimage.filters 中的 convolve 函数对这进行卷积。

```python
import cv2
import numpy as np
import scipy.ndimage


# 使用 cv2 读取图像
a   = cv2.imread('../Figures/ultrasound_muscle.png')
# 将图像转换为灰度图像
a = cv2.cvtColor(a, cv2.COLOR_BGR2GRAY)


# 初始化大小为 5×5 的滤波器
# 将滤波器除 25 进行归一化
k = np.ones((5,5))/25
# 进行卷积运算
b = scipy.ndimage.filters.convolve(a, k)
# 将 b 写入文件
cv2.imwrite('../Figures/mean_output.png', b)
```

图 4.4(a)是人体肌肉的医学超声图像。注意,该图像包含噪声。使用大小为 5×5 的均值滤波器来消除噪声,输出如图 4.4(b)所示。均值滤波器有效地去除了噪声,但同时也使图像变得模糊。

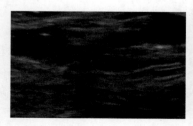 

(a) 均值滤波器的输入图像　　(b) 大小为5×5的均值滤波器的滤波输出图像

图 4.4　均值滤波器示例

均值滤波器的优点如下。

(1) 消除噪声。

（2）提高图像的整体质量。均值滤波器可以使图像变亮。

均值滤波器的缺点如下。

（1）在平滑过程中,边缘会变得模糊。

（2）降低图像的空间分辨率。

如果均值滤波器的系数不全为 1,则该滤波器为加权均值滤波器。在加权均值滤波器中,与非加权滤波器一样,滤波器系数与子图像相乘。应用滤波器后,应将图像除以总权重进行归一化。

4.2.2　中值滤波器

不满足式(4.2)的函数是非线性的,中值滤波器是最常用的非线性滤波器之一。选择一个滑动窗口并将其放置在图像上的像素位置(i,j)处。收集滤波器中的所有像素值,计算中值,并将其赋值给滤波图像中(i,j)处的像素。例如,给定一个值为 5、7、6、10、13、15、14、19、23 的 3×3 子图像。为了计算中值,将这些值按升序排列,因此新列表为 5、6、7、10、13、14、15、19 和 23。中值是将列表分为两个相等部分的值,此处中值为 13。因此,滤波后的图像的像素(i,j)将被赋值为 13。中值滤波器最常用于消除椒盐噪声和脉冲噪声。椒盐噪声的特点是在图像中随机分布黑-白斑点。

以下是中值滤波器的 Python 函数:

```
scipy.ndimage.filters.median_filter(input, size = None, footprint = None, mode = 'reflect', cval = 0.0, origin = 0)
```
必需参数:

input 是一个 ndarray 类型的输入图像。

可选参数:

size 可以是标量或元组. 例如,如果图像是二维的,则 size = 5 意味着要考虑 5×5 滤波器。或者,可以指定大小为 size = (5,5)。

footprint 是与 size 具有相同维度的布尔数组,除非另有说明。输入图像中与具有真实值的轮廓点相对应的像素需要考虑进行过滤。

mode 决定了通过填充处理数组边框的方法. 不同的选项包括 constant、reflect、rearest、mirror、wrap。

返回:一个 ndarray 型的输出图像。

中值滤波器的示例 Python 代码如下:

```
import cv2
import scipy.ndimage
# 读取图像
a = cv2.imread('../Figures/ct_saltandpepper.png')
# 将图像转换为灰度图像
a = cv2.cvtColor(a, cv2.COLOR_BGR2GRAY)
#使用中值滤波器
b = scipy.ndimage.filters.median_filter(a, size = 5)
# 将 b 保存于 Figures 文件夹中,命名为 median_output.png
cv2.imwrite('../Figures/median_output.png', b)
```

在上面的代码中,size＝5 表示大小为 5×5 的滤波器(掩码)。图 4.5(a)是腹部的 CT

切片,图像上有椒盐噪声。使用 cv2.imread 函数读取图像,并将返回的 ndarray 数组传递给中值滤波器函数,再将中值滤波器函数的输出图像存储为 PNG 文件。输出图像如图 4.5(b)所示,中值滤波器有效地消除了椒盐噪声。

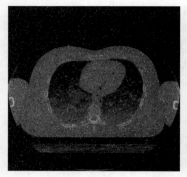 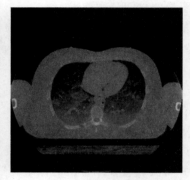

(a) 中值滤波器的输入图像　　　　(b) 大小为(5,5)滤波器生成的输出图像

图 4.5　中值滤波器的示例

4.2.3　最大值滤波器

该滤波器可增强图像中的亮点。在此滤波器中,用子图像中的最大值替换(i,j)处的值。最大值滤波器的 Python 函数与上述中值滤波器具有相同的参数。最大值滤波器的 Python 代码如下。

```
import scipy.misc
import scipy.ndimage
from scipy.misc.pilutil import Image

# 打开图像并将其转换为灰度图像
a = Image.open('../Figures/wave.png').convert('L')
# 使用最大值滤波器
b = scipy.ndimage.filters.maximum_filter(a, size = 5)
# 将 b 从 ndarray 转换为图像
b = scipy.misc.toimage(b)
b.save('../Figures/maxo.png')
```

图 4.6(a)是最大值滤波器的输入图像。输入图像的左侧、右侧和底部都有黑色的细边。在应用最大值滤波器之后,白色像素增加,因此输入图像中的细边被白色像素替代,输出图像如图 4.6(b)所示。

4.2.4　最小值滤波器

该滤波器可用于增强图像中最暗的点。在此滤波器中,用子图像中的最小值替换(i,j)处的值。最小值滤波器的 Python 函数与上述中值滤波器具有相同的参数。最小值滤波器的 Python 代码如下。

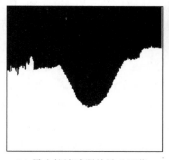 

(a) 最大值滤波器的输入图像　　(b) 最大滤波器的输出图像

图 4.6　最大值滤波器示例

```
import cv2
import scipy.ndimage

# 打开图像并将其转换为灰度图像
a = cv2.imread('../Figures/wave.png').convert('L')

# 使用最小值滤波器
b = scipy.ndimage.filters.minimum_filter(a, size = 5)
# 将 b 另存为 mino.png
cv2.imwrite('../Figures/mino.png', b)
```

在将最小值滤波器应用于图 4.7(a)后,黑色像素增加,因此输入图像中的细边在变粗,输出图像如图 4.7(a)所示。

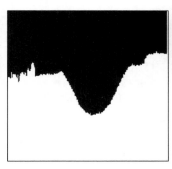 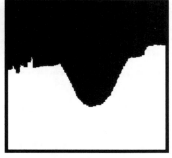

(a) 最小值滤波器输入图像　　　(b) 最小值滤波器输出图像

图 4.7　最小值滤波器

4.3　基于导数的边缘检测

边缘是图像中的一组点的集合,其中点的两侧之间存在亮度变化。微积分中,亮度的变化可以用一阶或二阶导数来测量。首先,通过一个简单的图像及其对应的轮廓来了解亮度的变化如何影响一阶和二阶导数。该方法为使用一阶和二阶导数滤波器进行边缘检测奠定了基础。感兴趣的读者还可以参阅[MH80]、[Mar72]、[PK91]和[Rob77]。

图 4.6(a)是输入的灰度图像。图像的左侧较暗,而右侧较亮。从左到右遍历时,在两个区域交界处,像素亮度从暗变亮。图 4.6(b)是输入图像水平横截面上的亮度分布。注意,在从暗区到亮区的过渡点处,分布的亮度发生了变化。而在暗区和亮区,亮度是恒定的。为清楚起见,亮度分布(图 4.8(b))、一阶导数分布(图 4.8(c))和二阶导数分布(图 4.8(d))仅显示了过渡点附近的区域。在过渡区域中,亮度分布增加,一阶导数为正,而在暗区和亮区为零。一阶导数在边缘处具有最大值或峰值。因为一阶导数在边缘之前增加,所以二阶导数在边缘之前为正。同样地,由于一阶导数在边缘之后递减,因此二阶导数在边缘之后为负。另外,由于对应的一阶导数为零,所以在暗区和亮区中的二阶导数也为零。因为在边缘处,二阶导数为零,所以将二阶导数从边缘前的正值变为边缘后的负值(反之亦然)的现象称为零交叉。输入图像是在计算机上模拟的,没有任何噪声。然而实际采集的图像会有噪声,可能会影响零交叉检测。此外,如果分布中的亮度快速变化,则会通过零交叉检测到伪边缘。为了防止噪声或灰度快速变化而引起的此类问题,在应用二阶导数滤波器之前要对图像进行预处理。

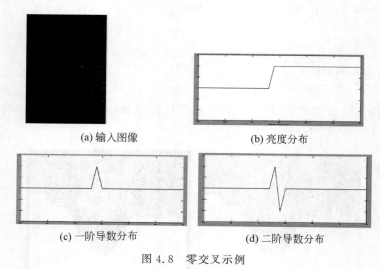

(a) 输入图像   (b) 亮度分布

(c) 一阶导数分布   (d) 二阶导数分布

图 4.8　零交叉示例

4.3.1　一阶导数滤波器

由于图像不是连续函数,因此导数求解不使用函数,而使用离散近似来计算。为了便于学习,首先介绍连续函数的梯度的定义,然后将其推广到离散情况。如果 $f(x,y)$ 是一个连续函数,则 f 作为向量的梯度为

$$\nabla f = \begin{pmatrix} f_x \\ f_y \end{pmatrix} \tag{4.3}$$

其中,$f_x = \dfrac{\partial f}{\partial x}$ 是 f 对 x 的偏导数(f 沿水平方向的变化),$f_y = \dfrac{\partial f}{\partial y}$ 是 f 对 y 的偏导数(f 沿垂直方向的变化)。详细信息请参阅[Sch04]。梯度的大小是一个标量,有

$$|\nabla f| = \left[(f_x)^2 + (f_y)^2 \right]^{\frac{1}{2}} \tag{4.4}$$

为了计算,将使用梯度和角度的简化版本,分别如式(4.5)和式(4.6)所示。

$$|\nabla f| = |f_x| + |f_y| \tag{4.5}$$

$$\theta = \tan^{-1}\left(\frac{f_y}{f_x}\right) \tag{4.6}$$

1. Sobel 滤波器

最常用的一阶导数滤波器是 Sobel 滤波器。如图 4.9 所示,使用 Sobel 滤波器或掩码寻找水平和垂直边缘。

-1	-2	-1		-1	0	1
0	0	0		-2	0	2
1	2	1		-1	0	1

图 4.9　水平和垂直边缘的 Sobel 掩码

为了理解如何进行滤波,考虑图 4.10 中给出的大小为 3×3 的子图像,并将子图像与水平和垂直 Sobel 掩码相乘。图 4.11 给出了相应的输出。

f_1	f_2	f_3
f_4	f_5	f_6
f_7	f_8	f_9

$-f_1$	$-2f_2$	$-f_3$		$-f_1$	0	f_3
0	0	0		$-2f_4$	0	$2f_6$
f_7	$2f_8$	f_9		$-f_7$	0	f_8

图 4.10　3×3 的子图像　　　图 4.11　子图像与 Sobel 掩码相乘后的输出

由于 f_x 是 f 在 x 方向上的偏导数,它是 f 在水平方向上的变化,因此可以通过取水平掩码中第 3 行与第 1 行的和来获得偏导数,即 $f_x = (f_7 + 2f_8 + f_9) + (-f_1 - 2f_2 - f_3)$。同样地,$f_y$ 是 f 在 y 方向上的偏导数,它是 f 在垂直方向上的变化,因此偏导数可通过取垂直掩码中第 3 列和第 1 列的和来获得,即 $f_y = (f_3 + 2f_6 + f_9) + (-f_1 - 2f_4 - f_7)$。

使用 f_x 和 f_y 以及 f_5,计算 f_5 的离散梯度,见式(4.7)。

$$|f_5| = |f_7 + 2f_8 + f_9 - f_1 - 2f_2 - f_3| + |f_3 + 2f_6 +$$
$$f_9 - f_1 - 2f_4 - f_7| \tag{4.7}$$

Sobel 滤波器的重要特征包括:

(1) 掩码图像中的系数之和为 0,这意味着灰度不变的像素不受导数滤波器的影响。

(2) 导数滤波器的副作用是产生额外的噪声。因此,在掩码图像中使用系数 +2 和 -2 来平滑。

以下是 Sobel 滤波器的 Python 函数。

```
scipy.ndimage.sobel(image)
必需参数:
image 为一个具有单通道或三通道的 ndarray 数组。
返回:输出是一个 ndarrray。
```

Sobel 滤波器的 Python 代码如下所示。

```python
import cv2
from scipy import ndimage

# 打开图像
a = cv2.imread('../Figures/cir.png')
# 将图像a转化为灰度图像
a = cv2.cvtColor(a, cv2.COLOR_BGR2GRAY)
# 使用 Sobel 滤波器
b = ndimage.sobel(a)
# 保存 b
cv2.imwrite('../Figures/sobel_cir.png', b)
```

从代码中可以看出,图像 cir. png 是使用 cv2. imread 读取的。将数组 a 传递给 scipy. ndimage. sobel 函数以生成 Sobel 边缘来增强图像,然后将其写入文件。

2. Prewitt 滤波器

另一个常用的一阶导数滤波器是 Prewitt[Pre70]。图 4.12 给出了 Prewitt 滤波器的掩码。

−1	−1	−1		−1	0	1
0	0	0		−1	0	1
1	1			−1	0	1

图 4.12 水平和垂直边缘的 Prewitt 掩码

与 Sobel 滤波器一样,Prewitt 的系数之和也是 0。因此,该滤波器不会影响灰度不变的像素。但是,它并不像 Sobel 滤波器那样可以减少噪声。

Prewitt 的 Python 函数的参数与 Sobel 函数的参数类似。

下面使用一个示例来说明 Sobel 和 Prewitt 对图像进行滤波的效果。图 4.13(a)是靠近鼻腔区域的人类头骨的 CT 切片。Sobel 和 Prewitt 滤波器的输出分别如图 4.13(b)和 4.13(c)所示。两个滤波器都成功地创建了边缘图像。

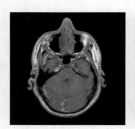 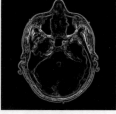 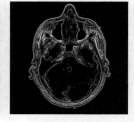

(a) 人类头骨的横截面　　　(b) Sobel输出　　　(c) Prewitt输出

图 4.13　Sobel 和 Prewitt 示例

稍加改进的 Sobel 和 Prewitt 滤波器可用于检测一种或多种类型的边缘。用于检测对角线边缘的 Sobel 和 Prewitt 滤波器如图 4.14 和图 4.15 所示。

0	1	2
-1	0	1
-2	-1	0

-2	-1	0
-1	0	1
0	1	2

0	1	1
-1	0	1
-1	-1	0

-1	-1	0
-1	0	1
0	1	1

图 4.14　对角线边缘的 Sobel 掩码　　　　图 4.15　对角线边缘的 Prewitt 掩码

为了检测 Sobel 和 Prewitt 滤波器的垂直和水平边缘,将使用模块 skimage 中的滤波器。

(1) 函数 filters.sobel_v 使用 Sobel 滤波器计算垂直边缘。

(2) 函数 filters.sobel_h 使用 Sobel 滤波器计算水平边缘。

(3) 函数 filters.prewitt_v 使用 Prewit 滤波器计算垂直边缘。

(4) 函数 filters.prewitt_h 使用 Prewitt 滤波器计算水平边缘。

例如,使用 prewitt_v 检测垂直边缘,其 Python 函数定义为:

```
from skimage import filters
# filter.prewitt_v 函数的输入必须是一个 NumPy 数组
filters.prewitt_v(image)
```

图 4.16 是使用 Sobel 和 Prewitt 滤波器检测水平和垂直边缘的示例。垂直 Sobel 和 Prewitt 滤波器增强了所有垂直边缘,相应的水平滤波器增强了水平边缘,常规 Sobel 和 Prewitt 滤波器增强了所有边缘。

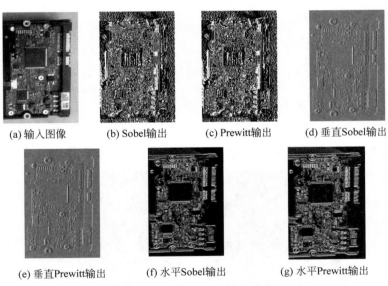

(a) 输入图像　　　(b) Sobel输出　　　(c) Prewitt输出　　　(d) 垂直Sobel输出

(e) 垂直Prewitt输出　　　(f) 水平Sobel输出　　　(g) 水平Prewitt输出

图 4.16　垂直、水平和常规 Sobel 和 Prewitt 滤波器的输出

3. Canny 滤波器

另一种常用的边缘检测滤波器是 Canny 滤波器或 Canny 边缘检测器[Can86]。此滤波器使用 3 个参数来检测边缘。第 1 个参数是高斯滤波器的标准差 σ。第 2 个和第 3 个参数是阈值 t_1 和 t_2。Canny 滤波器包含以下步骤:

（1）采用高斯滤波器对图像进行平滑处理。

（2）边缘像素的一个重要特性是它在梯度方向上具有最大的梯度。因此，对于每个像素，计算式（4.5）中给出的梯度大小和相应的方向 $\theta = \tan^{-1}\left(\dfrac{f_y}{f_x}\right)$。

（3）在边缘点，一阶导数将有一个最小值或一个最大值。这意味着边缘点处图像梯度的大小（绝对值）最大。这些点被称为脊像素。为了识别边缘点并抑制其他点，只保留脊顶部，其他像素的值设置为零。这个过程被称为非最大抑制。

（4）采用低阈值和高阈值两种阈值对脊进行阈值化处理。脊像素值有助于将边缘像素分为弱像素和强像素。值大于高阈值的脊像素被分类为强边缘像素，而介于低阈值和高阈值之间的脊像素被称为弱边缘像素。

（5）将弱边缘像素与强边缘像素进行 8 连接。

Canny 滤波器的 Python 函数如下。

```
cv2.Canny(image)
必需参数：
输入是 ndarray 类型的图像
返回：输出是一个 ndarray
```

Canny 滤波器的 Python 代码如下。该代码不需要太多解释。

```
import cv2

# 打开图像
a = cv2.imread('../Figures/maps1.png')
# 应用 Canny 边缘滤波器
b = cv2.Canny(a, 100, 200)
# 保存 b
cv2.imwrite('../Figures/canny_output.png', b)
```

图 4.17(a)是由南极洲地理特征名称组成的模拟地图。在输入图像上使用 Canny 边缘滤波器获取字母的边缘，如图 4.17(b)所示。注意，字符的边缘在输出中被清楚地标记。

(a) Canny滤波器的输入图像　　　　(b) Canny滤波器的输出

图 4.17　Canny 滤波器示例

4.3.2　二阶导数滤波器

顾名思义，在二阶导数滤波器中，计算二阶导数以确定边缘。由于它需要计算导数图像的导数,因此与一阶导数滤波器相比,其计算开销很高。

1. 拉普拉斯滤波器

最常用的二阶导数滤波器之一是拉普拉斯滤波器。连续函数的拉普拉斯算子如下:

$$\nabla^2 f = \frac{\partial^2 f}{\partial x^2} + \frac{\partial^2 f}{\partial y^2} \tag{4.8}$$

$\frac{\partial^2 f}{\partial x^2}$是 f 在 x 方向上的二阶偏导数,表示$\frac{\partial f}{\partial x}$沿着水平方向的变化,$\frac{\partial^2 f}{\partial y^2}$是 f 在 y 方向上的二阶偏导数,表示$\frac{\partial f}{\partial y}$沿着垂直方向的变化。详细信息请参阅[Eva10]和[GT01]。用于图像处理的离散拉普拉斯算子有多个版本。图 4.18 给出了最广泛使用的拉普拉斯掩码。

0	1	0
−1	4	−1
0	−1	0

−1	−1	−1
−1	8	1
−1	−1	−1

图 4.18　拉普拉斯掩码

拉普拉斯的 Python 函数如下所示。

```
scipy.ndimage.filters.laplace( input, output = None, mode = 'reflect', cval = 0.0)
必需参数:
input 是一个 ndarray 型的输入图像。
可选参数:
mode 决定通过填充处理数组边框的方法。不同的选项包括 constant、reflect、nearest、mirror、wrap。
cval 是当 mode 选项为常量时指定的标量值。默认值为 0.0.
origin 是确定滤波器原点的标量。默认值 0 对应于原点(参考像素)位于中心的滤波器。在二维情况下,origin = 0 表示(0,0)。
返回:输出是一个 ndarray 数组。
```

拉普拉斯滤波器的 Python 代码如下。通过使用 SciPy 的 laplace 函数和用于处理数组边界的可选的 mode 来调用它。

```
import cv2
import scipy.ndimage

# 打开图像
a = cv2.imread('../Figures/imagefor_laplacian.png')
# 应用拉普拉斯滤波器
b = scipy.ndimage.filters.laplace(a,mode = 'reflect')
cv2.imwrite('../Figures/laplacian_new.png',b)
```

图 4.19(a)的黑白图像是人体穿过胸腔的分割 CT 切片。图像中的各种斑点是肋骨。拉普拉斯滤波器获得的边缘没有任何伪影,如图 4.19(b)所示。

如前所述,导数滤波器会给图像增加噪声。当再次对一阶导数图像进行微分(以获得二阶导数)时,效果会被放大,如图 4.20 所示。图 4.20(a)是来自脑部扫描的 MRI 图像。

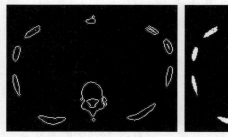

(a) 拉普拉斯算子的输入图像   (b) 拉普拉斯算子的输出

图 4.19 拉普拉斯滤波器的示例

由于输入图像中有多个边缘,因此拉普拉斯滤波器会过度分割对象(创建许多边缘)。如图 4.20(b)所示,生成没有明显边缘的嘈杂图像。

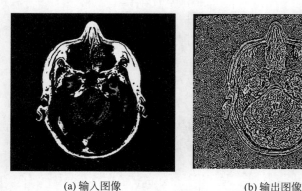

(a) 输入图像   (b) 输出图像

图 4.20 拉普拉斯滤波器的另一个示例

2. 高斯拉普拉斯算子滤波器

为了抵消拉普拉斯滤波器的噪声的影响,将平滑函数(高斯函数)与拉普拉斯一起使用。由拉普拉斯算子计算出零交叉并确定边缘,由高斯函数平滑二阶导数引起的噪声。

高斯函数为

$$G(r) = -\mathrm{e}^{\frac{-r^2}{2\sigma^2}} \tag{4.9}$$

其中,$r^2 = x^2 + y^2$,σ 是标准差。图像与高斯函数的卷积将平滑图像。σ 决定平滑的幅度。如果 σ 偏大,则将进行更多的平滑处理,从而使尖锐的边缘变得模糊。较小的 σ 会产生较少的平滑。

高斯函数与拉普拉斯算子的卷积被称为高斯拉普拉斯算子,用 LoG 表示。由于拉普拉斯算子是二阶导数,可以通过求 G 关于 r 的二阶导数得到 LoG 表达式,有

$$\nabla^2 G(r) = \left(\frac{r^2 - \sigma^2}{\sigma^4}\right) \mathrm{e}^{\frac{-r^2}{2\sigma^2}} \tag{4.10}$$

图 4.21 给出了大小为 5×5 的 LoG 掩码或滤波器。

以下是 LoG 的 Python 函数。

scipy.ndimage.filters.gaussian_laplace(input, sigma, output = None, mode = 'reflect', cval = 0.0)
必需参数：
Input 是一个 ndarray 型的输入图像。
sigma 是一个浮点值，它是高斯函灵敏的标准差。
返回：输出是一个 ndarray。

0	0	−1	0	0
0	−1	−2	−1	0
−1	−2	16	−2	−1
0	−1	−2	−1	0
0	0	−1	0	0

图 4.21　高斯拉普拉斯算子掩码

以下 Python 代码展示了 LoG 滤波器的实现。使用 sigma 为 1 的 gaussian_laplace 函数调用滤波器。

```
import cv2
import scipy.ndimage

# 打开图像
a = cv2.imread('../Figures/vhuman_t1.png')
# 应用高斯拉普拉斯算子滤波器
b = scipy.ndimage.filters.gaussian_laplace(a, sigma = 1, mode = 'reflect')
cv2.imwrite('../Figures/log_vh1.png', b)
```

图 4.22(a)为输入图像，图 4.22(b)是应用 LoG 后的输出图像。与单独的拉普拉斯滤波器(图 4.21(b))相比，LoG 滤波器能够更准确地确定边缘。但是，不均匀的前景亮度值会导致斑点(一组相连的像素)的形成。

LoG 的主要缺点是计算代价高，因为必须执行两个操作，即拉普拉斯算子和高斯函数。即使 LoG 从背景中分割出对象，也会因过度分割对象中的边缘，从而导致闭环(也称为意大利面条效应)，如图 4.22(b)所示。

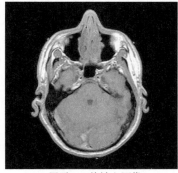
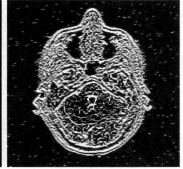

(a) 用于LoG的输入图像　　　　　(b) LoG滤波器的输出

图 4.22　LoG 示例

4.4　形状检测滤波器

Frangi 滤波器[AFFV98]用于检测图像中的血管状物体。下面先讨论 Frangi 滤波器的基本概念,然后再讨论其背后的数学原理。图 4.23 包含两个对象。其中,第一个对象在一个方向上被拉长,但在另一个方向上没有变化,第二个对象几乎是正方形。绘制的正交箭头与沿给定方向的长度成比例。这种定性的几何差异可以通过找到两个物体的特征值来量化。对于细长物体,特征值在较长箭头的方向上较大,而在较短箭头的方向上较小。对于正方形物体,沿较长箭头方向的特征值与沿较短箭头方向的特征值相似。Frangi 滤波器计算二阶导数(Hessian)图像的特征值,而

图 4.23　Frangi 滤波器示意图

不是原始图像的特征值。

为了减少导数带来的噪声,采用卷积方法对图像进行平滑处理,通常使用高斯函数。结果表明,求高斯函数平滑的卷积图像的导数等价于求与图像卷积的高斯函数导数。使用下面的公式确定高斯函数的二阶导数,其中 g_σ 是高斯函数。

$$G\sigma = \begin{vmatrix} \dfrac{\partial^2 g_\sigma}{\partial x^2} & \dfrac{\partial^2 g_\sigma}{\partial x \partial y} \\[3mm] \dfrac{\partial^2 g_\sigma}{\partial x \partial y} & \dfrac{\partial^2 g_\sigma}{\partial y^2} \end{vmatrix} \tag{4.11}$$

接着确定局部二阶导数(Hessian)及其特征值。对于二维图像,每个像素坐标有两个特征值(λ_1 和 λ_2)。按递增顺序对特征值进行排序。如果 $\lambda_1 \approx 0$ 且 $|\lambda_2| > |\lambda_1|$,则视像素为管状或血管状结构的一部分。

对于三维图像,每个体素坐标有三个特征值(λ_1、λ_2 和 λ_3)。按递增顺序对特征值进行排序。如果 $\lambda_1 \approx 0$,λ_2 和 λ_3 的绝对值大致相同且符号相同,则体素被视为管状或血管状结构的一部分。明亮血管的 λ_2 和 λ_3 为正值,而较暗血管的 λ_2 和 λ_3 为负值。

以下代码演示 Frangi 滤波器。首先打开图像并将其转换为灰度图像。接着使用 np.array 函数将图像转换为 NumPy 数组,以便可以将其传送到 Frangi 滤波器。最后,调用 skimage.filters 模块中的 Frangi 滤波器,并将 frangi 函数的输出保存到文件中。

```
import cv2
import numpy as np

from PIL import Image
from skimage.filters import frangi

img = cv2.imread('../Figures/angiogram1.png')
```

```
img1 = np.asarray(img)
img2 = frangi(img1, black_ridges = True)
img3 = 255 * (img2 − np.min(img2))/(np.max(img2) − np.min(img2))
cv2.imwrite('../Figures/frangi_output.png', img3)
```

图 4.24(a)是 Frangi 滤波器的输入,图 4.24(b)是 Frangi 滤波器的输出。输入图像是一张血管造影图,清晰地显示通过对比增强的多条血管。输出图像仅包含血管中的像素。为了便于出版,提高了输出图像的对比度。

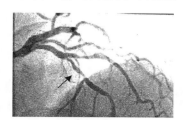 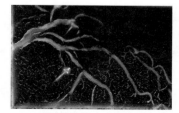

(a) Frangi 滤波器的输入图像   (b) Frangi 滤波器的输出(增强图像可视化)

图 4.24   Frangi 滤波器的示例

4.5   总 结

(1) 均值滤波器可以平滑图像,但也模糊了图像的边缘。

(2) 中值滤波器可以有效地去除椒盐噪声。

(3) 最常使用的一阶导数滤波器是 Sobel、Prewitt 和 Canny。

(4) 拉普拉斯和 LoG 都是常用的二阶导数滤波器。拉普拉斯对噪声非常敏感。在 LoG 中,高斯函数对图像进行平滑处理,使拉普拉斯产生的噪声得到补偿,但 LoG 受意大利面条效应的影响。

(5) Frangi 滤波器可用于检测血管状结构。

4.6   练 习

(1) 编写一个 Python 程序来对带有椒盐噪声的图像应用均值滤波器。描述输出,包括均值滤波器去除噪声的能力。

(2) 描述均值滤波器在消除椒盐噪声中的效果。基于对中值滤波器的理解,解释均值滤波器不能消除椒盐噪声的原因。

(3) 是否可以使用最大值滤波器或最小值滤波器消除椒盐噪声?

(4) 查看 SciPy 文档,网址为 http://docs.scipy.org/doc/scipy/reference/ndimage. html。查阅可用于创建自定义滤波器的 Python 函数。

(5) 编写一个 Python 程序以获取高斯拉普拉斯算子(LoG)的差异。该程序的伪代码如下:

- 读取图像。
- 假设标准差为 0.1,应用 LoG 滤波器并将图像存储为 im1。
- 假设标准差为 0.2,应用 LoG 滤波器并将图像存储为 im2。
- 找出两个图像之间的差异并存储结果图像。

(6) 本章介绍了一些空间滤波器。再指出两个滤波器并讨论其属性。

第 5 章
图像增强

5.1 简介

第 4 章已经介绍了图像滤波器。滤波器可以提高图像质量,因此可以对重要的细节进行可视化和量化。本章将讨论多种图像增强技术,这些技术使用映射函数将输入图像中的像素值转换为输出图像中的新值,包括图像逆变换、幂律变换、对数变换、直方图均衡化和对比度拉伸。有关图像增强的更多信息请参阅[HWJ98]、[OR89]、[PK81]。

5.2 像素变换

变换函数将一组输入映射到另一组输出,即每个输入都有一个输出。例如,$T(x)=x^2$ 是将输入映射到相应输入平方的变换。图 5.1 说明了 $T(x)=x^2$ 函数的三个输入的变换。

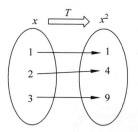

图 5.1 $T(x)=x^2$ 的变换示例

在图像变换中,变换函数将图像的像素亮度值作为输入,并创建一个新图像,其中通过变换定义了相应的像素亮度值。以变换函数 $T(x)=x+50$ 为例。当将此变换应用于图像时,每个像素的亮度将会增加 50。对应的图像比输入图像更亮。图 5.2(a)和图 5.2(b)分别是 $T(x)=x+50$ 的输入和输出图像。

对于灰度图像,变换范围为 $[0,L-1]$,其中 $L=2^k$,k 是图像的位数。对于 8 位图像,范围为 $[0,2^8-1]=[0,255]$;对于 16 位图像,范围为 $[0,2^{16}-1]=[0,65535]$。本章只考虑 8 位灰度图像,但基本原理适用于任何位深度的图像。

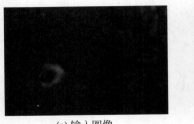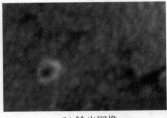

(a) 输入图像　　　　　　　　　　(b) 输出图像

图 5.2　变换函数 $T(x) = x + 50$ 示例(原始图像经 Karthik Bharathwaj 先生许可转载)

5.3　图像逆变换

图像逆变换是线性变换,目的是将输入图像中的低亮度转换为输出图像中的高亮度,反之亦然。如果输入图像的亮度范围是 $[0, L-1]$,则在 (i, j) 处的图像逆变换如下:

$$t(i, j) = L - 1 - I(i, j) \tag{5.1}$$

其中,I 是 (i, j) 处输入图像中像素的亮度值。

对于一个 8 位图像,图像逆变换的 Python 代码如下:

```
import cv2

# 打开图像
im = cv2.imread('../Figures/imageinverse_input.png')
# 执行逆操作
im2 = 255 - im
# 在 Figures 文件夹中,另存图像为 imageinverse_output.png
cv2.imwrite('../Figures/imageinverse_output.png', im2)
```

图 5.3(a)是心脏周围区域的 CT 图像。注意,图像中有多个金属物体,即带有条纹的亮点。底部边缘附近的明亮圆形物体是一根置于脊柱中的杆,两个弓形金属物体是心脏的瓣膜。金属物体非常明亮,阻碍了其他细节的观察。图像逆变换限制了金属物体的特征,增强了其他感兴趣的特征(如面管),如图 5.3(b)所示。

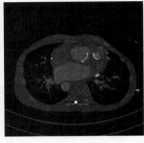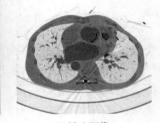

(a) 输入图像　　　　　　　　(b) 输出图像

图 5.3　图像逆变换示例(原始图像经明尼苏达大学
心血管影像系 Uma Valeti 博士许可转载)

5.4 幂律变换

幂律变换(也称为伽马校正)用于增强图像质量。在(i,j)处的幂变换为

$$t(i,j) = kI(i,j)^\gamma \tag{5.2}$$

其中,k 和 γ 是正常数,I 是输入图像中(i,j)处像素的亮度值。在大多数情况下,$k=1$。

如果 $\gamma=1$,则映射是线性的,并且输出图像与输入图像相同。当 $\gamma<1$ 时,将输入图像中较窄范围的低亮度的像素值映射为输出图像中较宽范围的亮度值,而将输入图像中较宽范围的高亮度像素值将映射为输出图像中较窄范围的高亮度像素值。$\gamma>1$ 的影响与 $\gamma<1$ 的影响相反。给定亮度值范围为$[0,1]$,图 5.4 展示了 $k=1$ 时不同 γ 值的变化。

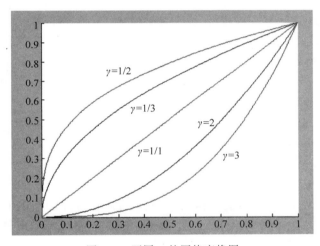

图 5.4 不同 γ 的幂律变换图

人脑使用伽马校正来处理图像,因此伽马校正是显示、获取或发布图像的设备中的内置特性。计算机显示器和电视屏幕都具有内置的伽马校正功能,以便在所有图像中显示最佳图像对比度。

8 位图像的亮度值的范围是$[0,255]$。如果根据式(5.2)应用变换,对于 $\gamma>1$,则输出像素亮度将超出范围。为了避免这种情况,将像素亮度归一化,即 $\dfrac{I(i,j)}{\max(I)} = I_{\text{norm}}$。对于 $k=1$,用 I_{norm} 替换 $I(i,j)$,然后在式(5.2)的两边应用自然对数 ln 得

$$\ln(t(i,j)) = \ln(I_{\text{norm}})^\gamma = \gamma \times \ln(I_{\text{norm}}) \tag{5.3}$$

将等式两边变为以 e 为底的指数函数,得

$$e^{\ln(t(i,j))} = e^{\gamma * \ln(I_{\text{norm}})} \tag{5.4}$$

因为 $e^{\ln(x)} = x$,式(5.4)将化简为:

$$t(i,j) = e^{\gamma * \ln(I_{\text{norm}})} \tag{5.5}$$

为了使输出在[0,255],将上式的右边乘255,得

$$t(i,j) = e^{\gamma * \ln(I_{norm})} \times 255 \qquad (5.6)$$

使用幂律变换的 Python 代码如下。

```python
import cv2
import matplotlib.pyplot as plt
import numpy as np
# 打开图像
a = cv2.imread('../Figures/angiogram1.png')
# 初始化 gamma
gamma = 0.5
# 将 b 转换为 float 类型
b1 = a.astype(float)
# 确定 b1 的最大值
b3 = np.max(b1)
# 归一化 b1
b2 = b1/b3
# 计算伽马校正指数
b4 = np.log(b2) * gamma
# 执行伽马校正
c = np.exp(b4) * 255.0
# 将 c 转换为 int 型
c1 = c.astype(int)
# 显示 c1
plt.imshow(c1)
```

图 5.5(a)是血管造影的图像。图像太亮,很难将血管与背景区分开。图 5.5(b)是 $\gamma =$ 0.5 的伽马校正图像。与原始图像相比,图像更亮。图 5.5(c)是 $\gamma = 5$ 的伽马校正图像,该图像较暗,血管清晰可见。

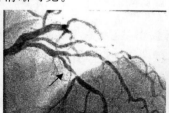
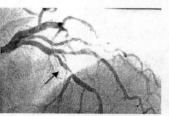

(a) 输入图像　　　　　　　(b) $\gamma=0.5$ 的伽马校正图像

(c) $\gamma=5$ 的伽马校正图像

图 5.5　幂律变换示例

5.5　对数变换

对数变换用于增强像素亮度,否则,像素亮度会因亮度值的大范围变化或以高亮度值为代价而丢失。如果图像亮度范围为 $[0, L-1]$,则 (i,j) 处的对数变换为

$$t(i,j) = k\log(1 + I(i,j)) \qquad (5.7)$$

其中 $k = \dfrac{L-1}{\log(1 + |I_{\max}|)}$,$I_{\max}$ 是最大亮度值,$I(i,j)$ 是输入图像中 (i,j) 处像素的亮度值。如果 $I(i,j)$ 和 $I_{\max}$ 都等于 $L-1$,则 $t(i,j) = L-1$。当 $I(i,j) = 0$ 时,因为 $\log(1) = 0$,所以 $t(i,j) = 0$。当该范围内的终点映射到自身时,其他输入值将通过式(5.7)进行转换。对数可以是任何底的,但是,常以 $\log$(以 10 为底的对数)或自然对数(以 e 为底的对数)为底。

当底数为 e 时,上述对数变换的逆变换为 $t^{-1}(x) = e^{\frac{x}{k}} - 1$,与对数变换相反。

与 $\gamma < 1$ 的幂律变换类似,对数变换还可以将输入图像中的小范围内的较暗或低亮度像素值映射为输出图像中的大范围内的高亮度像素值,将输入图像中大范围内的高亮度像素值映射为输出图像中小范围内的高亮度像素值。给定亮度范围为 $[0,1]$,图 5.6 说明了对数和逆对数变换。

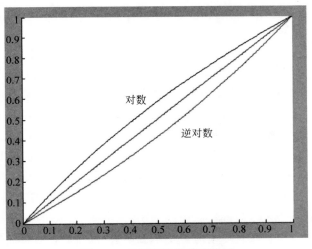

图 5.6　对数和逆对数变换图

下面给出了用于对数转换的 Python 代码。

```python
import cv2
import numpy, math

# 打开图像
a = cv2.imread('../Figures/bse.png')
# a 被转换为 float 类型
b1 = a.astype(float)
# 确定 b1 的最大值
```

```
b2 = numpy.max(b1)
# 执行对数变换
c = (255.0 * numpy.log(1 + b1))/numpy.log(1 + b2)
# c被转换为 int 类型
c1 = c.astype(int)
# 保存 c1 为 logtransform_output.png
cv2.imwrite('../Figures/logtransform_output.png', c1)
```

图 5.7(a)是反向散射电子显微镜图像。图像非常暗,且细节不清晰。执行对数变换提高对比度,可以获得图 5.7(b)所示的输出图像。

(a) 输入图像   (b) 输出图像

图 5.7   对数变换的示例(原始图像经 Karthik Bharathwaj 先生许可转载)

5.6   直方图均衡化

图像的直方图已在第 3 章中进行了讨论。图像的直方图是一个离散函数,其输入是灰度值,输出是具有该灰度值的像素数,可以表示为 $h(x_n)=y_n$。在灰度图像中,图像亮度值范围为 $[0,L-1]$。如前所述,图像中的低灰度值(直方图的左侧)对应于较暗区域,图像中的高灰度值(直方图的右侧)对应于明亮区域。

在低对比度图像中,直方图较窄,而在对比度较好的图像中,直方图会散开。在直方图的均衡化中,目标是通过重新缩放直方图来改善图像的对比度,以便分散新图像的直方图,并且使像素亮度在所有可能的灰度级值上变化。直方图的重新缩放通过变换来执行。为了确保输入图像中的每个灰度值都有对应的输出,需要进行一对一的变换,也就是说,每个输入都有唯一的输出。这意味着变换应该是单调函数,这将确保变换是可逆的。

在定义直方图均衡化变换之前,应计算以下内容:

(1) 对输入图像的直方图进行归一化,以使归一化直方图的范围为 $[0,1]$。

(2) 由于图像是离散的,因此以 $p_x(i)$ 表示的灰度级值的概率是灰度值为 i 的像素数与图像中像素总数的比率,这通常被称为概率分布函数(probability distribution function,PDF)。

(3) 将累积分布函数(cumulative distribution function,CDF)定义为 $C(i) = \sum_{j=0}^{i} p_x(j)$,其中 $0 \leqslant i \leqslant L-1$,$L$ 是图像中灰度级值的总数。$C(i)$ 是像素灰度级值 $0 \sim i$ 的所有概率的和。注意,C 是一个递增函数。

直方图的均衡化变换定义如下:

$$h(u) = \text{round}\left(\frac{C(u) - C_{\min}}{1 - C_{\min}} \times (L-1)\right) \qquad (5.8)$$

其中 $C_{\min}$ 是积分分布中的最小值。对于范围为[0,255]的灰度
图像，如果 $C(u) = C_{\min}$，则 $h(u) = 0$。如果 $C(u) = 1$，则 $h(u) =$
255。输出图像的整数值通过对式(5.8)进行四舍五入得到。

32	41	30	41	42
50	35	45	48	34
38	36	40	38	37
41	32	50	37	43
37	38	43	46	45

图 5.8　5×5 图像的示例

举例说明概率、CDF 和直方图的均衡化。图 5.8 是大小
5×5 的图像。假设图像的灰度级范围为[0,255]。图 5.9 给
出了每个灰度级值的概率和为 C 值的 CDF，以及直方图的
均衡化变换的输出。

灰度级值	概率	为C值的CDF	$h(u)$
30	1/25	1/25	0
32	2/25	3/25	22
34	1/25	4/25	32
35	1/25	5/25	43
36	1/25	6/25	53
37	3/25	9/25	85
38	3/25	12/25	117
40	1/25	13/25	128
41	3/25	16/25	160
42	1/25	17/25	170
43	2/25	19/25	191
45	2/25	21/25	212
46	1/25	22/25	223
48	1/25	23/25	234
50	2/25	25/25	255

图 5.9　概率、CDF 和直方图的均衡化变换

下面给出了用于直方图均衡化的 Python 代码。读取图像并计算展平的图像，然后计
算展平图像的直方图和 CDF。再根据式(5.8)进行直方图的均衡化。展平的图像通过 CDF
函数，重新变换为原始图像形状。

```python
import cv2
import numpy as np
# 打开图像
img1 = cv2.imread('../Figures/hequalization_input.png')
# 将二维数组转换为一维数组
fl = img1.flatten()
# 计算图像的直方图和区间
hist,bins = np.histogram(img1,256,[0,255])
# 计算 CDF
cdf = hist.cumsum()
# 屏蔽或忽略 cdf = 0 的像素区,其余存储于 cdf_m
cdf_m = np.ma.masked_equal(cdf,0)
# 执行直方图均衡化
num_cdf_m = (cdf_m - cdf_m.min()) * 255
den_cdf_m = (cdf_m.max() - cdf_m.min())
cdf_m = num_cdf_m/den_cdf_m
```

```
# cdf_m 中屏蔽区域的像素为 0
cdf = np.ma.filled(cdf_m, 0).astype('uint8')
# 在展平数组中分配 cdf 值
im2 = cdf[f1]
# im2 是一维的,使用 reshape 命令将其变换成二维
im3 = np.reshape(im2, img1.shape)
# 保存 im3 为 hequalization_output.png
cv2.imwrite('../Figures/hequalization_output.png', im3)
```

直方图均衡化的示例如图 5.10 所示。图 5.10(a)是 CT 拍摄图像。输入图像的直方图和 CDF 在图 5.10(b)中给出。直方图均衡化后的输出图像如图 5.10(c)所示。输出图像的直方图和 CDF 在图 5.10(d)中给出。请注意,与范围[0,255]相比,输入图像的直方图较窄。引线(从图像的顶部到底部延伸的明亮细线)在输入图像中不能清晰可见。直方图均衡化后,输出图像的直方图会分布在该范围内的所有值上,随后图像变亮,并且引线可见。

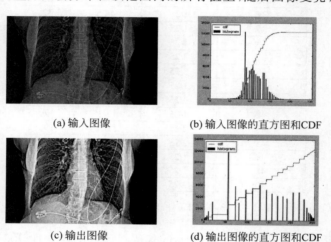

(a) 输入图像　　　　　　　　(b) 输入图像的直方图和CDF

(c) 输出图像　　　　　　　　(d) 输出图像的直方图和CDF

图 5.10　直方图均衡化的示例(原始图像经明尼苏达大学心血管影像系
Uma Valeti 博士许可转载)

5.7　对比度受限的自适应直方图均衡化

在上述直方图均衡化方法中,图 5.10(c)太亮。在对比度受限的自适应直方图均衡化(contrast limited adaptive histogram equalization,CLAHE)中,将图像划分为小区域,并计算每个区域的直方图来取代直接使用整个图像的直方图[Zui94]。

选择一个对比度限制作为阈值来剪裁直方图,在应用直方图均衡化之前,阈值以上的像素不会被忽略,而是被分配到其他直方图中。涉及的步骤包括:

(1) 将输入图像分为大小为 8×8 的子图像。

(2) 计算每个子图像的直方图。

(3) 按照 5.6 节所述,找到 PDF。

(4) 设置阈值,裁剪直方图。然后按照 5.6 节所述找到 CDF。如果任何区间的直方图

超过裁剪限制,则高于裁剪限制的像素将均匀地分布到其他区间。由于 PDF 被剪切,因此 CDF 的斜率将小于 5.6 节中的斜率。

（5）对每个子图像应用直方图均衡化。

（6）应用双线性插值法去除子图像边界处的伪影。第 6 章将讨论双线性插值和其他插值。

以下是 CLAHE 滤波器的 Python 函数。

```
from skimage.exposure import equalize_adapthist
equalize_adapthist(img, clip_limit = 0.02)
必需参数:
输入是一个 ndarray 型的输入图像。
可选参数:
clip_limit 是一个 0～1 之间的浮点数,接近 1 会产生更高的对比度。
```

示例代码如下。

```python
import cv2
from skimage.exposure import equalize_adapthist

img = cv2.imread('../Figures/embryo.png')
# 应用对比度受限的自适应直方图均衡化
img2 = equalize_adapthist(img, clip_limit = 0.02)

# 0～255 重新缩放 img2
img3 = img2 * 255.0
# 保存 img3
cv2.imwrite('../Figures/clahe_output.png', img3)
```

使用 cv2 读取图像 embryo.png。从图 5.11(a)可以看出,即使为了达到出版要求,手动增强了输入图像的对比度,对比度仍然很差。将图像以 0.02 的裁剪限制传递到 equalize _Adapthist 函数。图像缩放到[0,255]并保存到文件中。输出图像如图 5.11(b)所示。可以看出,输出图像的对比度优于输入图像。在输出图像中可以看到更多细节。

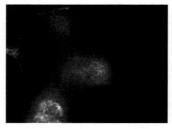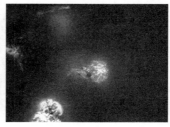

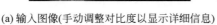

图 5.11　CLAHE 示例

CLAHE 对于 MV X 射线图像的图像增强（如在放射治疗中看到的图像）特别有用。

5.8　对比度拉伸

对比度拉伸在思想上与直方图均衡化相似,不同的是像素亮度的重新缩放是使用像素值而不是概率和 CDF。对比度拉伸通过缩放输入图像中的像素值来增加像素值范围。给定一个像素值范围为 $[a,b]$ 的 8 位图像,其中 a 大于 0 并且 b 小于 255。如果 a 显著大于 0,并且 b 显著小于 255,则图像中的细节可能不可见。可以通过将像素值范围重新缩放为 $[0,255]$(更大的像素范围)来解决此问题。

对比度拉伸变换 $t(i,j)$ 定义为

$$t(i,j) = 255 \times \frac{I(i,j) - a}{b - a} \tag{5.9}$$

其中 $I(i,j)$、a 和 b 分别是 (i,j) 处的像素亮度、输入图像中的最小像素值和最大像素值。注意,如果 $a=0$ 且 $b=255$,则输入图像和输出图像之间的像素亮度不会发生变化。

读取图像并计算其最小值和最大值。将图像转换为浮点型,以便执行式(5.9)定义的对比度拉伸。

```
import cv2

# 打开图像
im = cv2.imread('../Figures/hequalization_input.png')
# 找到最大和最小像素值
b = im.max()
a = im.min()
print(a,b)
# 将 im1 转换为浮点型
c = im.astype(float)
# 对比度拉伸变换
im1 = 255.0 * (c - a)/(b - a + 0.0000001)
# 在 Figures 文件夹中,将 im2 保存为 contrast_output.png
cv2.imwrite('../Figures/contrast_output2.png', im1)
```

图 5.12(a)的最小像素值为 7,最大像素值为 51。对比度拉伸后,输出图像更亮,细节可见,如图 5.12(b)所示。

(a) 输入图像　　　　　　(b) 输出图像

图 5.12　对比度拉伸的示例,像素值范围与 $[0,255]$ 显著不同

图 5.13(a)的最小像素值为 0,最大像素值为 255,对比度拉伸变换对此图像不会有任何影响,如图 5.13(b)所示。

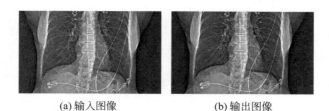

(a) 输入图像　　　　　(b) 输出图像

图 5.13　对比度拉伸的示例,输入像素值范围与[0,255]的范围相同

5.9　sigmoid 校正

sigmoid 型函数定义如下:

$$S(x) = \frac{1.0}{1 + e^{-x \times \text{gain}}} \tag{5.10}$$

对于低负值,该函数(图 5.14)渐近达到 0;对于高正值,该函数渐近达到 1。它始终在 0 和 1 之间。在典型的 sigmoid 函数定义中,gain 值为 1。但是,在进行 sigmoid 校正时,将使用 gain 为超参数来微调以增强图像。

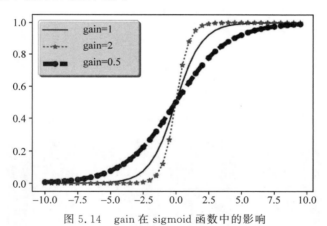

图 5.14　gain 在 sigmoid 函数中的影响

当 gain 为 0.5 时,x 值为 0 附近的线性区域的斜率小于 gain 为 1 时的斜率。因此,只有在距离 0 较远的点上,光谱两端的像素值趋于饱和为 0 或 1。但是,当 gain 为 2 时,饱和点接近 $x=0$。可以使用此特性来增强图像。

如果选择 gain 为 2,则只保留接近 0 的像素值(沿 x 轴的值),而远离 0 的像素值将趋于饱和至 0 或 1。因此,只有 0 附近的像素在其灰度值范围内可见。

相反,如果选择 gain 为 0.5,则距离 0 较远的像素值将保留其灰度值范围,因此,将可视化图像中较大范围的像素值。

在 ScikitImage 图像中,使用式(5.11)执行 sigmoid 校正,有

$$S(x) = \frac{1.0}{1 + e^{-(\text{cutoff} - \text{pixelvalue}) * \text{gain}}} \tag{5.11}$$

其中 cutoff 是围绕其执行 sigmoid 校正的像素值。在执行 sigmoid 校正之前,必须将像素值归一化为[0,1]。cutoff 值是在输出图像中突出显示灰色像素值范围的像素中心值。

以下是用于 sigmoid 校正的 Python 函数。

```
from skimage.exposure import adjust_sigmoid

adjust_sigmoid(img1, gain = 15)
必需参数:
输入是一个 ndarray 型的输入图像。
可选参数:
gain 是 sigmoid 函数指数幂的常数乘数。默认值为 10。
```

在下面的代码中,读取图像并将其转换为 NumPy 数组。然后使用 gain 为 15 的 adjust_sigmoid 函数进行 sigmoid 校正。由于未指定 cutoff 值,因此使用默认值 0.5。值为 15 的 gain 将导致图 5.14 中 0 附近的线性区域出现陡峭斜率。因此,仅中心像素值被突出显示,而距离 0 更远的所有其他像素将被设置为 0 或 1。

```
import cv2
from skimage.exposure import adjust_sigmoid
# 读取图像
img1 = cv2.imread('../Figures/hequalization_input.png')
# 应用 sigmoid 校正
img2 = adjust_sigmoid(img1, gain = 15)
# 保存 img2
cv2.imwrite('../Figures/sigmoid_output.png', img2)
```

图 5.15(a)中的图像经过 sigmoid 校正,将输出图 5.15(b)中的图像。与原始图像相反,可以在校正后的图像中识别骨骼的细节。cutoff 和 gain 的选择将决定输出图像的质量。

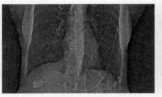 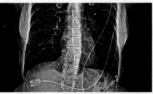

(a)输入图像 (b)输出图像

图 5.15 sigmoid 校正示例

5.10 局部对比度归一化

局部对比度归一化[JKRL09]是作为计算神经模型的一部分开发的。该方法表明,增强某个位置上的像素值仅取决于其相邻像素,而不是距离其较远的像素。该方法的工作原理是,基于邻域中的像素,将像素的局部平均值设置为零,将其标准差设置为 1。

首先创建一个差异图像(d),它通过查找图像的平滑版本与其自身之间的差异(式(5.12))进行计算。这将创建一个邻域均值为 0 的图像。然后,在应用高斯函数平滑之

后,将差异图像用于计算标准偏差图像(式(5.13))。通过将差异图像除以标准偏差图像的
局部平均值和标准偏差图像之间的最大值,创建最终图像 I_{out}(式(5.14))。

$$d = I * \sigma_1 - I \tag{5.12}$$

$$s = \sqrt{d^2 * \sigma_2} \tag{5.13}$$

$$I_{\text{out}} = \frac{d}{\text{ma}(\text{mean}_s, s)} \tag{5.14}$$

其中 I 是原始图像,σ_1 和 σ_2 是高斯函数平滑的标准差, $*$ 表示卷积,mean_s 是图像 s 的平均值。

卷积运算是在给定像素相邻的像素上进行的,因此滤波器被称为局部对比度归一化。

本示例使用的图像是 DICOM 图像,使用 pydicom 模块读取。将图像转换为浮点型,并缩放到 $[0.0, 1.0]$。

localfilter 函数实现局部对比度归一化。在该函数中,使用高斯函数对输入图像进行平滑处理。高斯函数平滑后的图像与原始图像之间的差异将创建一个称为 d 的新图像。由于高斯是邻域像素的加权平均值,因此此操作等效于从邻域中移除均值。然后对均值校正后的图像 d 进行平方以获得方差,方差的平方根提供标准差图像 s。通过查找图像 s 中的值和图像 s 平均值之间的最大值来创建一个新的图像 max_array。最终图像 y 通过除以图像 d 创建,类似于均值校正图像和标准差图像 max_array。代码如下:

```python
import pydicom
import numpy as np
import skimage.exposure as imexp
from matplotlib import pyplot as plt
from scipy.ndimage.filters import gaussian_filter
from PIL import Image

def localfilter(im, sigma = (10, 10,)):
    im_gaussian = gaussian_filter(im, sigma = sigma[0])
    d = im_gaussian - im
    s = np.sqrt(gaussian_filter(d * d, sigma = sigma[1]))
    # 组成一个数组,所有元素的值都是 mean(s)
    mean_array = np.ones(s.shape) * np.mean(s)
    # 在 mean_array 和 s 之间逐个查找元素的最大值
    max_array = np.maximum(mean_array, s)
    y = d/(max_array + np.spacing(1.0))
    return y

file_name = "../Figures/FluroWithDisplayShutter.dcm"
dfh = pydicom.read_file(file_name, force = True)
im = dfh.pixel_array
# 在滤波前进行浮点类型转换与缩放
im = im.astype(np.float)

im1 = im/np.max(im)
sigma = (5, 5,)
im2 = localfilter(im, sigma)
```

```
# 重新缩放到8位
im3 = 255 * (im2 - im2.min())/(im2.max() - im2.min())
im4 = Image.fromarray(im3).convert("L")
im4.save('../Figures/local_normalization_output.png')
im4.show()
```

图 5.16(b)是从图 5.16(a)生成的局部对比度归一化图像。与原始图像相反,可以在输出图像中识别骨骼的细节。在解剖结构外但在视野内的明亮区域,输入图像是平滑的,而输出图像中的相应区域则是嘈杂的。这是因为强制低方差区域(如平滑区域)与高方差区域具有相等的方差。平滑的选择是一个超参数,它需要根据处理的图像进行选择。

 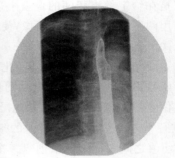

(a) 输入图像(手动调整对比度以显示详细信息)　　　　(b) 输出图像

图 5.16　局部对比度归一化的示例

该滤波器特别适用于突出显示由低对比度结构包围的高对比度对象。

5.11　总结

(1) 图像逆变换用于反转图像中的像素亮度,此过程类似于获取照片底片。

(2) 幂律变换使图像在 $\gamma < 1$ 时变亮,在 $\gamma > 1$ 时变暗。

(3) 对数变换使图像变亮,而对数逆变换使图像变暗。

(4) 直方图的均衡化用于增强图像的对比度。在变换中,小范围的亮度值将被映射为大范围的亮度值。

(5) 对比度拉伸是通过缩放输入图像中的像素值来增加像素值范围。

(6) sigmoid 校正提供平滑的连续函数,以增强中心 cutoff 周围的图像。

(7) 局部对比度归一化仅基于其相邻像素来增强特定位置的像素值。

5.12　练习

(1) 举例简要说明图像增强的必要性。

(2) 研究一些其他图像增强技术。

(3) 假定一种图像变换,其中每个像素值都乘以一个常数 K。描述 K<1、K= 和 K>1

时对图像的影响,以及相对于输入图像对输出图像的直方图的影响。

(4)本章讨论的所有变换都从[0,1]开始缩放,简述原因。

(5)窗口或灰度级操作允许修改图像,以便所有像素值都可以可视化。简述窗口或灰度级操作与图像增强之间的区别。提示,一个可以永久更改图像,而另一个则不可以。

(6)图像的所有像素值都聚集在较低的亮度中。当需要增强图像,使小范围内的低亮度映射到大范围时,会使用什么操作?

(7)在 sigmoid 校正中,cutoff 和 gain 的选择将决定输出图像的质量。尝试对超参数进行不同的设置,以了解其效果。

(8)在局部对比度归一化中,σ_1 和 σ_2 的选择会影响结果。尝试不同的值以了解其效果。

第6章
仿射变换

6.1　简介

仿射变换是保留点、线和平面的几何变换,需要满足以下 4 个条件。

(1) 共线性:变换之前位于线上的点仍位于变换之后的线上。

(2) 平行:变换后平行线将继续平行。

(3) 凸度:凸集在变换后仍是凸的。

(4) 平行线段的比率:变换后,平行线段的长度比率保持不变。

本章将讨论常见的仿射变换,如平移、旋转和缩放。首先从仿射变换的数学过程开始讨论。然后介绍具体示例和用于各种仿射变换的代码。最后,讨论插值对仿射变换后图像质量的影响。

6.2　仿射变换介绍

仿射变换的应用过程如下:

(1) 给定图像中的每个像素坐标。

(2) 使用变换矩阵计算像素坐标的点积。矩阵根据执行的变换类型而有所不同,下面将对此进行讨论。点积给出了变换后图像的像素坐标。

(3) 使用第(2)步计算出的像素坐标确定变换图像中的像素值。由于点积可能会产生非整数像素坐标,因此需要进行插值(稍后讨论)。

本章将讨论以下常用的仿射变换。

(1) 平移。

(2) 旋转。

(3) 缩放。

6.2.1　平移

平移是沿各个轴(x 轴、y 轴和 z 轴)移动图像的过程。对于二维图像,可以独立地沿一

个或两个轴执行平移。平移的变换矩阵定义为

$$\boldsymbol{T} = \begin{pmatrix} 1 & 0 & 0 \\ 0 & 1 & 0 \\ t_x & t_y & 1 \end{pmatrix} \tag{6.1}$$

如果将像素坐标 $(x, y, 1)$ 与式 (6.1) 中的平移矩阵做点积运算,则将获得如下变换矩阵的像素坐标。

$$C_{变换} = (x \quad y \quad 1) \begin{pmatrix} 1 & 0 & 0 \\ 0 & 1 & 0 \\ t_x & t_y & 1 \end{pmatrix} \tag{6.2}$$

$$C_{变换} = (x + t_x \quad y + t_y \quad 1) \tag{6.3}$$

因此,变换图像中的每个像素都分别沿 x 轴和 y 轴偏移 t_x 和 t_y。t_x 和 t_y 的值既可以为正,也可以为负。

以下代码实现平移变换。读取图像并将其转换为 NumPy 数组。变换矩阵作为 AffineTransform 类的实例创建。变换值 (10,4) 作为输入提供给 AffineTransform 类。如果需要可视化类似于式 6.1 的变换矩阵的值,则可以打印 transform.params 中的内容。将该变换矩阵提供给 warp 函数,输入图像 img1 将变换为输出图像 img2。

```
import numpy as np
import scipy.misc, math
from scipy.misc.pilutil import Image
from skimage.transform import AffineTransform, warp


img = Image.open('../Figures/angiogram1.png').convert('L')
img1 = scipy.misc.fromimage(img)
# x轴方向平移10个像素,y轴方向平移4个像素
transformation = AffineTransform(translation = (10, 4))
img2 = warp(img1, transformation)
im4 = scipy.misc.toimage(img2)
im4.save('../Figures/translate_output.png')
im4.show()
```

平移的输出如下所示。将图 6.1(a) 变换为图 6.1(b)。参照输入图像,将变换后的图像向左平移 10 个像素,并向上平移 4 个像素。

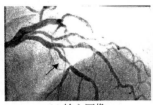
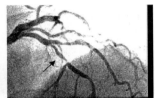

(a) 输入图像　　　　　　　(b) 平移后的图像

图 6.1　在图像上应用平移的示例

将右侧和底部的丢失像素值指定为 0,因此右侧和底部边缘为黑色像素值。warp 函数的 mode 参数可用于修改此行为。如果模式为 constant,那么将使用 warp 函数的 cval 参数值,而不是像素值 0。如果 mode 为 mean、median、maximum 或 minimum,将分别使用该向量的平均值、中位数、最大值或最小值的填充值。建议读者阅读文档以了解其他选项。填充值的选择会影响图像的质量,在某些情况下还会影响进一步的计算。

6.2.2　旋转

旋转是更改图像相对于固定点沿各轴的径向运动的过程。逆时针旋转的变换矩阵的定义为

$$T = \begin{pmatrix} \cos\theta & \sin\theta & 0 \\ -\sin\theta & \cos\theta & 0 \\ 0 & 0 & 1 \end{pmatrix} \tag{6.4}$$

如果给定像素坐标$(x, y, 1)$,与式(6.4)中的旋转矩阵进行点积运算,将获得如下旋转矩阵的像素坐标。

$$C_{变换} = (x \quad y \quad 1) \begin{pmatrix} \cos\theta & \sin\theta & 0 \\ -\sin\theta & \cos\theta & 0 \\ 0 & 0 & 1 \end{pmatrix} \tag{6.5}$$

$$C_{变换} = (x\cos\theta - y\sin\theta \quad x\sin\theta + y\cos\theta \quad 1) \tag{6.6}$$

以下代码实现了旋转变换。读取图像并将其转换为 NumPy 数组。创建变换矩阵作为 AffineTransform 类的实例。将旋转值 0.1 弧度作为 AffineTransform 类的输入。如果需要可视化类似于式(6.4)中的变换矩阵的值,则可以打印出 transformation. params 的内容。将该变换矩阵提供给 warp 函数,warp 函数使用该变换矩阵将输入图像 img1 转换为输出图像 img2。

```python
import numpy as np
import scipy.misc, math
from scipy.misc.pilutil import Image
from skimage.transform import AffineTransform, warp
img = Image.open('../Figures/angiogram1.png').convert('L')
img1 = scipy.misc.fromimage(img)

# 以弧度为单位的旋转角度
transformation = AffineTransform(rotation = 0.1)
img2 = warp(img1, transformation)
im4 = scipy.misc.toimage(img2)
im4.save('../Figures/rotate_output.png')
im4.show()
```

旋转图 6.2(a)生成图 6.2(b)。变换后的图像相对于输入图像旋转 0.1 弧度。左侧和底部的缺失像素值被赋值为零,该值可以通过为 warp 函数的 mode 参数提供适当的值来修改。

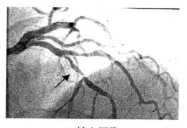 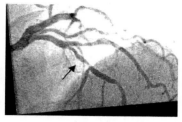

(a) 输入图像　　　　　　　　　　(b) 旋转图像

图 6.2　在图像上应用旋转的示例

6.2.3　缩放

缩放是改变一个或多个坐标轴上的点之间的距离(压缩或拉长)的过程。这种距离的变化会导致图像中的对象比原始输入更大或更小。比例因子在不同的轴上可能不同。用于缩放的变换矩阵定义为

$$\boldsymbol{T} = \begin{pmatrix} k_x & 0 & 0 \\ 0 & k_y & 0 \\ 0 & 0 & 1 \end{pmatrix} \tag{6.7}$$

如果 k_x 或 k_y 的值小于 1,则图像中的对象将变小,并且缺失的像素值将填充 0 或基于warp 参数值。如果 k_x 或 k_y 的值大于 1,则图像中的对象将变大。如果 k_x 和 k_y 的值相等,则沿两个坐标轴将图像压缩或拉长相同的量。

如果给定像素坐标 $(x, y, 1)$,并与式(6.7)中的缩放矩阵进行点积运算,则将获得如下缩放矩阵的像素坐标。

$$\boldsymbol{C}_{变换} = (x \quad y \quad 1) \begin{pmatrix} k_x & 0 & 0 \\ 0 & k_y & 0 \\ 0 & 0 & 1 \end{pmatrix} \tag{6.8}$$

$$\boldsymbol{C}_{变换} = (x * k_x \quad y * k_y \quad 1) \tag{6.9}$$

以下代码实现了缩放变换。读取图像并将其转换为 NumPy 数组。创建变换矩阵作为AffineTransform 类的实例。将缩放值 $(0.5, 0.5)$ 作为 AffineTransform 类的输入,和沿 x 和 y 轴的缩放相对应。将该变换矩阵提供给 warp 函数,使用该变换将输入图像 img1 转换为输出图像 img2。

```
import numpy as np
import scipy.misc, math
from scipy.misc.pilutil import Image
from skimage.transform import AffineTransform, warp

img = Image.open('../Figures/angiogram1.png').convert('L')
img1 = scipy.misc.fromimage(img)
# x轴和 y轴缩放 1/2
transformation = AffineTransform(scale = (0.5, 0.5))
```

```
img2 = warp(img1, transformation)
im4 = scipy.misc.toimage(img2)
im4.save('../Figures/scale_output.png')
im4.show()
```

缩放图 6.3(a)生成图 6.3(b)。相对于输入图像,图像沿两个轴均按比例缩小为原始大小的 0.5。

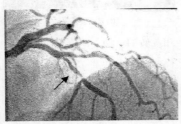 

(a)输入图像   (b)缩放图像

图 6.3   在图像上应用缩放的示例

6.2.4   插值

首先进行实验以了解插值的用法。给定一个大小为 2×2 的图像,如果在所有线性维度上将此图像缩放到其大小的四倍,则新图像的大小为 8×8。原始图像只有 4 个像素值,而新图像需要 64 个像素值。那么在只有 4 个像素值的情况下,如何用值填充 64 个像素? 答案是使用插值。

各种可用的插值方案如下:

(1)最近邻 (阶数=0)。

(2)双线性 (阶数=1)。

(3)双二次 (阶数=2)。

(4)双三次 (阶数=3)。

(5)双四次 (阶数=4)。

(6)双五次 (阶数=5)。

括号中指定的阶数是 ScikitImage 使用的数字。我们将学习前 4 种插值方案。所有这些方案的目的是填充缺失的像素值。

在最近邻插值法中,缺失像素值是基于直接相邻像素确定的。对于较大的缩放因子(如 2),将输入图像中的一个像素值赋值给输出图像中的 4 个相邻的像素,从而使输出图像更像素化。不建议使用此插值法,即使它是最容易实现的、最快的。

在双线性插值法中,缺失像素值是由缺失像素周围的 2×2 范围内的像素确定的。与最近邻插值法相比,该插值法将产生较少伪影的平滑图像。由于与其他插值法相比,最近邻插值法不能产生高质量的图像,因此建议使用双线性插值法。在 ScikitImage 中,双线性是默认的插值。

在双二次插值法中,缺失像素值是由缺失像素周围 3×3 范围内的像素确定的。在双三次插值法中,缺失像素值是由缺失像素周围的 4×4 范围内的像素确定的。与双线性插值法相比,将产生更少伪影的平滑图像,但计算成本较高。

其他两种插值法是双四次插值法和双五次插值法,插值更平滑,但计算成本更高。

以下代码演示了各种插值的效果。读取图像并将其转换为 NumPy 数组。变换矩阵作为 AffineTransform 类的实例创建。缩放值(0.3,0.3)作为 AffineTransform 类的输入,和沿 x 轴和 y 轴的缩放相对应。然后将变换作为参数提供给 warp 函数,warp 函数使用参数顺序值指定的各种插值方案进行转换,从而将输入图像 img1 转换为输出图像 img2。接着存储每个插值的变换图像。

```python
import numpy as np
import scipy.misc, math
from scipy.misc.pilutil import Image
from skimage.transform import AffineTransform, warp

img = Image.open('../Figures/angiogram1.png').convert('L')
img1 = scipy.misc.fromimage(img)

transformation = AffineTransform(scale = (0.3, 0.3))

# 最邻近插值法,阶数为 0
img2 = warp(img1, transformation, order = 0)
im4 = scipy.misc.toimage(img2)
im4.save('../Figures/interpolate_nn_output.png')
im4.show()
# 双线性插值法,阶数为 1
img2 = warp(img1, transformation, order = 1) # default
im4 = scipy.misc.toimage(img2)
im4.save('../Figures/interpolate_bilinear_output.png')
im4.show()

# 双二次插值法,阶数为 2
img2 = warp(img1, transformation, order = 2)
im4 = scipy.misc.toimage(img2)
im4.save('../Figures/interpolate_biquadratic_output.png')
im4.show()

# 双三次插值法,阶数为 3
img2 = warp(img1, transformation, order = 3)
im4 = scipy.misc.toimage(img2)
im4.save('../Figures/interpolate_bicubic_output.png')
im4.show()
```

图 6.4(a)按比例缩放以生成其他图像。图 6.4(b)使用最近邻插值法,图 6.4(c)使用双线性插值法,图 6.4(d)使用双二次插值法,图 6.4(e)使用双三次插值法。可以看出,与其他方法相比,最近邻插值法表现不佳,因为它表现出像素化。所有其他方法的图像质量都差不多,但是成本都会大大增加。

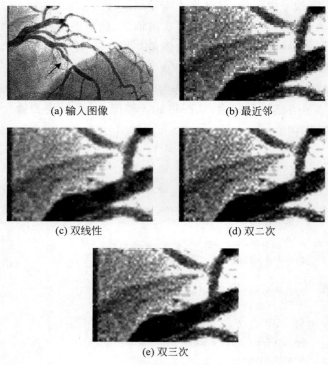

(a) 输入图像　　　　　　　(b) 最近邻

(c) 双线性　　　　　　　　(d) 双二次

(e) 双三次

图 6.4　在图像上应用各种插值方案的示例

6.3　总结

（1）仿射变换是保留点、线段和平面的几何变换。

（2）讨论了常用的仿射变换，如旋转、平移和缩放。

（3）讨论了插值、插值的目的和各种插值法。建议不要使用最近邻插值法，因为会导致像素化伪影。

6.4　练习

（1）使用本章中的图像，以各种角度和距离旋转或平移它们，并针对每种情况研究直方图。对于不同的变换，输入和输出图像的直方图是否有所不同？

（2）如果在保持图像大小不变的情况下放大（缩放）图像会出现什么结果？尝试不同的缩放级别（2 倍、3 倍和 4 倍）。输入图像和输出图像的直方图会是否有所不同？

第 7 章
傅里叶变换

7.1 简介

在第 4 章中,重点介绍了空间域(即物理世界)中的图像。本章将学习频域。将图像从空间域转换到频域的过程为了解图像的性质提供了宝贵的知识。在某些情况下,操作在频域中可以比在空间域中更有效地执行。本章将介绍傅里叶变换及其性质。我们只专注于频域中的图像滤波。对傅里叶变换的深入处理有兴趣的读者可以参阅[Bra78]、[Smi07]、[SS03]等。

法国数学家 Jean Joseph Fourier 提出傅里叶变换,试图求解热方程。在此过程中,他发现函数可以表示为不同频率的正弦和余弦的无穷和,现称为傅里叶级数。傅里叶变换是一种表示方法,其中任何函数都可以表示为正弦和余弦的积分乘以加权函数。而且,任何用傅里叶级数或变换表示的函数都可以通过逆过程完全重构,这就是傅里叶逆变换。

该成果于 1822 年发表在 *La Theorie Analitique de la Chaorur* 一书中。当时这个想法并不受欢迎,因为那时的数学家对常规函数感兴趣并对其进行研究。人们花费了一个多世纪的时间才意识到傅里叶级数和变换的重要性和作用。自从快速傅里叶变换算法 FFT[CT65] 提出以来,傅里叶变换的应用已影响到遥感、信号处理和图像处理等多个领域。

在图像处理中,傅里叶变换用于以下 6 个方面。

(1)图像滤波。

(2)图像压缩。

(3)图像增强。

(4)图像复原。

(5)图像分析。

(6)图像重建。

本章将详细讨论图像滤波和增强。第 14 章将讨论傅里叶变换在磁共振图像重建中的应用。

7.2 傅里叶变换的定义

单变量连续函数 $f(x)$ 的傅里叶变换的定义为

$$F(u) = \int_{-\infty}^{\infty} f(x) e^{-i2\pi ux} \, dx \tag{7.1}$$

其中 $i = \sqrt{-1}$。函数 $f(x)$ 可以通过 $F(u)$ 的傅里叶逆变换求得,有

$$f(x) = \int_{-\infty}^{\infty} F(u) e^{i2\pi ux} \, du \tag{7.2}$$

单变量离散函数 $f(x)(x = 0, 1, \cdots, L-1)$ 的傅里叶变换的定义为

$$F(u) = \frac{1}{L} \sum_{x=0}^{L-1} f(x) e^{\frac{-i2\pi ux}{L}} \tag{7.3}$$

其中 $u = 0, 1, 2, \cdots, L-1$。公式(7.3)被称为离散傅里叶变换 DFT。同样地,离散傅里叶逆变换 IDFT 定义为

$$f(x) = \sum_{x=0}^{L-1} F(u) e^{\frac{-i2\pi ux}{L}} \tag{7.4}$$

其中 $x = 0, 1, 2, \cdots, L-1$。使用欧拉公式 $e^{i\theta} = \cos\theta + i\sin\theta$,将上式简化为

$$F(u) = \frac{1}{L} \sum_{x=0}^{L-1} f(x) \left[\cos\frac{-2ux\pi}{L} \right) - i\sin\frac{-2ux\pi}{L} \right) \right] \tag{7.5}$$

因为 cos 是一个偶函数,即 $\cos(-\pi) = \cos(\pi)$,sin 是一个奇函数,即 $\sin(-\pi) = -\sin(\pi)$。式(7.5)可以简化为

$$F(u) = \frac{1}{L} \sum_{x=0}^{L-1} f(x) \left[\cos\frac{-2ux\pi}{L} \right) + i\sin\frac{-2ux\pi}{L} \right) \right] \tag{7.6}$$

$F(u)$ 有两个部分:构成 cos 的实部表示为 $R(u)$,构成 sin 的虚部表示为 $I(u)$。F 的每项被称为傅里叶变换的系数。由于 u 在确定傅里叶变换系数的频率中起关键作用,因此它被称为频率变量,而 x 被称为空间变量。

许多专家将傅里叶变换比作玻璃棱镜。正如玻璃棱镜将光分裂或分离为形成光谱的各种波长或频率,傅里叶变换会将函数分裂或分离为其系数,该系数取决于频率。这些傅里叶系数在频域中形成傅里叶频谱。

从式(7.6)可知,傅里叶变换由复数组成。出于计算目的,将傅里叶变换表示为极性形式,有

$$F(u) = |F(u)| e^{-i\theta(u)} \tag{7.7}$$

其中 $|F(u)| = \sqrt{R^2(u) + I^2(u)}$ 被称为傅里叶变换的幅度,$\theta(u) = \tan^{-1}\left[\dfrac{I(u)}{R(u)}\right]$ 被称为变换的相位角。功率 $P(u)$ 定义如下:

$$P(u) = R^2(u) + I^2(u) = |F(u)|^2 \tag{7.8}$$

离散傅里叶变换中的第一个值是通过在式(7.3)中设置 $u = 0$,然后对所有 x 的乘积求和而获得的。因为 $e^0 = 1$,所以 $F(0)$ 就是 $f(x)$ 的平均值。$F(0)$ 的实部非零,而虚部为零。

F 的其他值以类似的方式计算。

下面举例说明傅里叶变换。假设 $f(x)$ 是只有 4 个值的离散函数：$f(0)=2$、$f(1)=3$、$f(2)=2$ 和 $f(3)=1$。注意，f 的大小为 4，因此 $L=4$。

$$F(0)=\frac{1}{4}\sum_{x=0}^{3}f(x)=\frac{f(0)+f(1)+f(2)+f(3)}{4}=2$$

$$F(1)=\frac{1}{4}\sum_{x=0}^{3}f(x)\left[\cos\frac{-2\pi x}{4}-i\sin\frac{-2\pi x}{4}\right)\right]$$

$$=\frac{1}{4}\left(f(0)\left[\cos\left(\frac{0}{4}\right)+i\sin\left(\frac{0}{4}\right)\right]+f(1)\left[\cos\left(\frac{2\pi}{4}\right)+i\sin\left(\frac{2\pi}{4}\right)\right]+$$

$$f(2)\left[\cos\left(\frac{4\pi}{4}\right)+i\sin\left(\frac{4\pi}{4}\right)\right]+f(3)\left[\cos\left(\frac{6\pi}{4}\right)+i\sin\left(\frac{\pi}{4}\right)\right]\right)$$

$$=\frac{1}{4}(2(1+0i)+3(0+1i)+2(-1+0i)+1(0-1i))$$

$$=\frac{2i}{4}=\frac{i}{2}$$

注意，$F(1)$ 是纯虚数。$u=2$ 时，$F(2)=0$；$u=3$ 时，$F(3)=\frac{-i}{2}$。傅里叶变换的 4 个系数为 $\left\{2,\frac{i}{2},0,\frac{-i}{2}\right\}$。

7.3 二维傅里叶变换

有两个变量的傅里叶变换定义如下：

$$F(u,v)=\int_{-\infty}^{\infty}\int_{-\infty}^{\infty}f(x,y)\mathrm{e}^{-i2\pi(ux+vy)}\mathrm{d}x\,\mathrm{d}y \tag{7.9}$$

傅里叶逆变换定义为

$$f(x,y)=\int_{-\infty}^{\infty}\int_{-\infty}^{\infty}F(u,v)\mathrm{e}^{i2\pi(ux+vy)}\mathrm{d}u\,\mathrm{d}v \tag{7.10}$$

大小为 L 和 K 的二维函数 $f(x,y)$ 的离散傅里叶变换为

$$F(u,v)=\frac{1}{LK}\sum_{x=0}^{L-1}\sum_{y=0}^{K-1}f(x,y)\mathrm{e}^{-i2\pi\left(\frac{ux}{L}+\frac{vy}{K}\right)} \tag{7.11}$$

$u=1,2,\cdots,L-1$ 和 $v=1,2,\cdots,K-1$。与一维傅里叶变换类似，可以从 $F(u,v)$ 通过傅里叶逆变换计算 $f(x,y)$，计算公式如下：

$$f(x,y)=\sum_{x=0}^{L-1}\sum_{y=0}^{K-1}F(u,v)\mathrm{e}^{-i2\pi\left(\frac{ux}{L}+\frac{vy}{K}\right)} \tag{7.12}$$

$x=1,2,\cdots,L-1$ 和 $y=1,2,\cdots,K-1$。与一维 DFT 一样，u 和 v 是频率变量，x 和 y 是空间变量。二维傅里叶变换的幅值为

$$|F(u,v)|=\sqrt{R^2(u,v)+I^2(u,v)} \tag{7.13}$$

相位角为

$$\theta(u,v) = \tan^{-1}\left[\frac{I(u,v)}{R(u,v)}\right] \tag{7.14}$$

功率为

$$P(u,v) = R^2(u,v) + I^2(u,v) = |F(u,v)|^2 \tag{7.15}$$

其中 $R(u,v)$ 和 $I(u,v)$ 分别是二维 DFT 的实部和虚部。

二维傅里叶变换有以下 4 个属性。

(1) 以 x 和 y 为变量的二维空间称为空间域,以 u 和 v 为变量的二维空间称为频域。

(2) $F(0,0)$ 是图像中所有像素值的平均值,可以通过在公式(7.11)中替换 $u=0$ 和 $v=0$ 来获得。因此,$F(0,0)$ 是傅里叶变换图像中最亮的像素。

(3) 这两个求和是可分离的。因此,首先沿 x 方向或 y 方向进行求和,然后沿另一个方向进行求和。

(4) DFT 的计算复杂度为 N^2。因此,使用快速傅里叶变换(FFT)方法来计算傅里叶变换。Cooley 和 Tukey 开发了 FFT 算法[CT65]。FFT 的复杂度为 $N\log N$,因此命名为快速傅里叶变换。

以下是前向快速傅里叶变换的 Python 函数。

```
numpy.fft.fft2(a, s = None, axes = ( - 2, - 1))
必需参数:
a 是一个 ndarray 型的输入图像。
可选参数:
s 是一个整数元组,表示输出的每个变换轴的长度. s 中的各个元素对应输入图像中每个轴的长度。
如果轴上的长度小于输入图像中的对应轴上图像的尺寸,则沿该轴的输入图像将被裁剪。如果轴上
的长度大于输入图像中的对应轴上图像的尺寸,则沿该轴的输入图像用 0 填充。
axes 是用于计算 FFT 的整数. 如果未指定轴,则使用最后两个轴。
返回:输出是一个复杂的 ndarray 数组。
```

前向快速傅里叶变换的 Python 代码如下:

```python
import scipy.fftpack as fftim
from PIL import Image


# 打开图像并将其转为灰度图像
b = Image.open('../Figures/fft1.png').convert('L')
# 执行 FFT
c = abs(fftim.fft2(b))
# 平移傅里叶频率图像
d = fftim.fftshift(c)
# 将 d 转换为浮点型,并在 Figures 文件夹中将其保存为 fft1_output.raw
d.astype('float').tofile('../Figures/fft1_output.raw')
```

在上面的代码中,图像被读取并转换为灰度图像。使用 fft2 函数获得快速傅里叶变换,并且仅获得用于可视化的绝对值。然后平移 FFT 的绝对值图像,使图像的中心成为傅里叶频谱的中心。中心像素对应两个方向上的频率 0。最后,将移位后的图像另存为原始文件进行可视化。

图 7.1(a)是来自透射电子显微镜的 Sindbis 病毒切片。由于像素亮度是浮点值,因此执行 FFT 之后的输出将另存为原始文件。ImageJ 用于获取原始图像的对数,并调整窗口级别以显示相应的图像。最后,该图像的快照如图 7.1(b)所示。如前所述,中心像素是亮度最高的像素。这是因为原始图像中所有像素值的平均值构成了中心像素。中心像素是 (0,0),即原点。像素(0,0)的左边是 $-u$,右边是 $+u$。同样地,像素(0,0)的顶部为 $+v$,底部为 $-v$。低频靠近中心像素,高频远离中心像素。

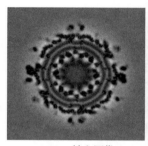
(a) FFT输入图像

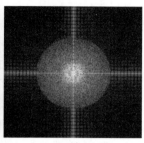
(b) FFT输出图像

图 7.1 二维快速傅里叶变换的示例(原始图像经明尼苏达大学 Wei Zhang 博士允许转载)

快速傅里叶逆变换的 Python 函数如下。

```
numpy.fft.ifft2(a, s = None, axes = ( - 2, - 1))
必需参数:
a 是包含傅里叶变换数据的复杂 ndarray 数组。
可选参数:
s 是一个整数元组,表示输出的每个变换轴的长度。s 中的各个元素对应输入图像中每个轴的长度.
如果轴上的长度小于输入图像中的对应轴上图像的尺寸,则沿该轴的输入图像将被裁剪。如果轴上
的长度大于输入图像中的对应轴上图像的尺寸,则沿该轴的输入图像用 0 填充。
axes 是用于计算 FFT 的整数。如果未指定轴,则使用最后两个轴。
返回:输出是一个复杂的 ndarray 数组。
```

7.4 卷积

在第 4 章中简要讨论了卷积,但没有介绍任何数学基础知识,本节将对此进行介绍。

卷积是一种数学运算,表示两个函数之间的重叠积分。例如,模糊图像是通过将未模糊的图像与模糊函数进行卷积获得。

在现实生活中会看到很多模糊的图像。高速行驶的汽车的照片由于运动而模糊。从望远镜获得的恒星照片因大气中的粒子而模糊。来自平面外的信号会模糊物体的宽视野显微镜图像。这种模糊可以建模为卷积运算,并通过去卷积的逆过程进行消除。

从傅里叶空间中的卷积开始讨论。卷积运算在数学上表示为

$$[f * g](t) = \int_0^t f(\tau)g(t - \tau)\mathrm{d}\tau \tag{7.16}$$

其中,f、g 是两个函数,$*$(星号)表示卷积。

卷积满足以下 3 个性质。

(1) $f * g = g * f$,交换性。

(2) $f * (g * h) = (f * g) * h$,结合性。

(3) $f * (g + h) = f * g + f * h$,分配性。

在傅里叶空间中的卷积运算比在实际空间中的更简单,但是根据图像的大小和使用的函数,前者的计算效率更高。在傅里叶空间中,对整个图像进行卷积。但是,在空间域中,通过在图像上滑动滤波窗口来进行卷积。

假设 f 和 g 的卷积是函数 h,有

$$h(t) = [f * g](t) \tag{7.17}$$

如果 2 此函数的傅里叶变换为 H,则将 H 定义为

$$H = F \cdot G \tag{7.18}$$

其中,F 和 G 分别是函数 f 和 g 的傅里叶变换,·(点)表示乘法。因此,在傅里叶空间中,卷积的复杂运算被更简单的乘法代替。该定理的证明超出了本书的范围,感兴趣的读者可以在大多数有关傅里叶变换的数学教科书中找到详细信息。无论 f 和 g 的维数是多少,该公式都适用。因此,它可以应用于一维信号以及三维体数据。

7.5 频域滤波

本节将讨论对傅里叶空间中的图像应用不同的滤波器。将使用式(7.18)进行滤波。在低通滤波器中,使用来自傅里叶变换的低频而阻塞高频。在高通滤波器中,使用来自傅里叶变换的高频而阻塞低频。低通滤波器用于平滑图像或减少噪声,高通滤波器用于锐化边缘。在每种情况下,都要考虑 3 种不同的滤波器:理想滤波器、巴特沃斯滤波器和高斯滤波器。这 3 种滤波器的不同之处在于滤波中使用的窗口的创建过程。

7.5.1 理想低通滤波器

二维理想低通滤波器(ILPF)的卷积函数为

$$H(u,v) = \begin{cases} 1, & \text{如果 } d(u,v) \leqslant d_0 \\ 0, & \text{其他} \end{cases} \tag{7.19}$$

其中,d_0 是指定数量,$d(u,v)$ 是从点 (u,v) 到傅里叶域原点的欧几里得距离。注意,对于大小为 $M \times N$ 的图像,原点的坐标为 $\left(\dfrac{M}{2}, \dfrac{N}{2}\right)$,因此 d_0 是截止频率到原点的距离。

对于给定的图像,在定义卷积函数之后,可以通过将图像的 FFT 与卷积函数逐个元素相乘来实现理想低通滤波器。然后,对卷积函数执行逆 FFT,以获得输出图像。

理想低通滤波器的 Python 代码如下。

```python
import cv2
import numpy, math
import scipy.fftpack as fftim
```

```
from PIL import Image

# 打开图像并将其转换为灰度图像
b = Image.open('../Figures/fft1.png').convert('L')
# 执行 FFT
c = fftim.fft2(b)
# 平移傅里叶频率图像
d = fftim.fftshift(c)

# 为卷积函数初始化变量
M = d.shape[0]
N = d.shape[1]
# 定义 H,并将 H 中的值初始化为 1
H = numpy.ones((M,N))
center1 = M/2
center2 = N/2
d_0 = 30.0 # 截止半径

# 定义 ILPF 的卷积函数
for i in range(1,M):
    for j in range(1,N):
        r1 = (i-center1)**2 + (j-center2)**2
        # 计算到原点的几里得距离
        r = math.sqrt(r1)
        # 利用截止半径消除高频
        if r > d_0:
            H[i,j] = 0.0
# 将 H 转换成图像
H = Image.fromarray(H)
# 执行卷积
con = d * H
# 计算逆 FFT 的大小
e = abs(fftim.ifft2(con))
# 在 Figures 文件夹中,将 e 另存为 ilowpass_output.png
cv2.imwrite('../Figures/ilowpass_output.png', e)
```

　　读取图像,并使用 fft2 函数计算其傅里叶变换。使用 fftshift 函数将傅里叶频谱移至图像的中心。通过给半径 d_0 内的所有像素值分配 1 来创建滤波器(H),否则将分配为 0。最后,将滤波器(H)与图像(d)进行卷积以获得卷积傅里叶图像(con)。使用 ifft2 对该图像进行倒置以获得空间域中的滤波图像。由于高频被阻塞,因此图像 7.2(a)变得模糊。

　　使用低通滤波的概念可以创建一种简单的图像压缩技术。在该技术中,清除所有高频数据,仅存储低频数据。这减少了存储的傅里叶系数的数量,因此只需要较少的磁盘存储空间。在显示图像的过程中,可以获得傅里叶逆变换以将图像转换到空间域。由于不存储高频信息,这种图像将变得模糊。选择适当的截止半径可以减少解压缩图像中关键数据的模糊和损失。

7.5.2　巴特沃斯低通滤波器

　　巴特沃斯低通滤波器(BLPF)的卷积函数如下:

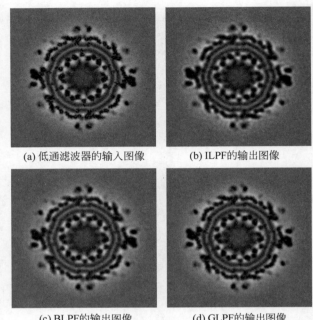

(a) 低通滤波器的输入图像   (b) ILPF的输出图像

(c) BLPF的输出图像   (d) GLPF的输出图像

图 7.2　低通滤波器示例(输入图像和所有输出图像都显示在空间域中)

$$H(u,v) = \frac{1}{1 + \left(\dfrac{d(u,v)}{d_0}\right)^2} \tag{7.20}$$

其中 d_0 是频率到原点的截止距离,而 $d(u,v)$ 是距原点的欧几里得距离。该滤波器与 ILPF 不同,截止半径处的像素亮度不会快速变化。

巴特沃斯低通滤波器的 Python 代码如下所示。

```python
import numpy, math
import scipy.fftpack as fftim
from PIL import Image
import cv2


# 打开图像并将其转换为灰度图像
b = Image.open('../Figures/fft1.png').convert('L')
# 执行 FFT
c = fftim.fft2(b)
#平移傅里叶频率图像
d = fftim.fftshift(c)
#初始化卷积函数的变量
M = d.shape[0]
N = d.shape[1]
# 定义 H,并将 H 中的值初始化为 1
H = numpy.ones((M,N))
center1 = M/2
center2 = N/2
d_0 = 30.0 # 截止半径
```

```
t1 = 1 # BLPF 的阶数
t2 = 2 * t1

# 定义 BLPF 的卷积函数
for i in range(1,M):
    for j in range(1,N):
        r1 = (i-center1)**2 + (j-center2)**2
        # 计算到原点的欧几里得距离
        r = math.sqrt(r1)
        # 利用截止半径消除高频
        if r > d_0:
            H[i,j] = 1/(1 + (r/d_0)**t1)

# 将 H 转换为图像
H = Image.fromarray(H)
# 执行卷积运算
con = d * H
# 计算逆 FFT 的幅度
e = abs(fftim.ifft2(con))
# 保存 e
cv2.imwrite('../Figures/blowpass_output.png', e)
```

除了创建滤波器（H）之外，该程序类似于用 ILPF 的 Python 代码。

7.5.3　高斯低通滤波器

高斯低通滤波器（GLPF）的卷积函数如下：

$$H(u,v) = e^{\frac{-d^2(u,v)}{2d_0^2}}$$

(7.21)

其中 d_0 是截止频率，$d(u,v)$ 是距原点的欧几里得距离。与巴特沃斯低通滤波器相比，该滤波器在截止半径处产生更渐进的亮度变化。

高斯低通滤波器的 Python 代码如下所示。

```
import numpy, math
import cv2
import scipy.fftpack as fftim
from PIL import Image

# 打开图像并将其转换为灰度图像
b = Image.open('../Figures/fft1.png').convert('L')
# 执行 FFT
c = fftim.fft2(b)
# 平移傅里叶频率图像
d = fftim.fftshift(c)
# 初始化卷积函数变量
M = d.shape[0]
N = d.shape[1]
# 定义 H,并将 H 中的值初始化为 1
```

```
H = numpy.ones((M,N))
center1 = M/2
center2 = N/2
d_0 = 30.0 # 截止半径
t1 = 2*d_0
# 定义 GLPF 的卷积函数
for i in range(1,M):
    for j in range(1,N):
        r1 = (i－center1)**2+(j－center2)**2
        # 计算到原点的几里得距离
        r = math.sqrt(r1)
        # 利用截止半径消除高频
        if r > d_0:
            H[i,j] = math.exp(－r**2/t1**2)
# 将 H 转换为图像
H = Image.fromarray(H)
# 执行卷积运算
con = d * H
# 计算逆 FFT 的幅度
e = abs(fftim.ifft2(con))
# 在 Figures 文件夹中,将图像另存为 glowpass_output.png
cv2.imwrite('../Figures/glowpass_output.png', e)
```

图 7.2(a)是进行滤波的输入图像。图 7.2(a)、7.2(b)和 7.2(c)分别是截止半径为 30 的理想低通滤波器、巴特沃斯低通滤波器和高斯低通滤波器的输出。请注意输出图像中的模糊度如何变化。由于 ILPF 卷积函数在截止半径处的急剧变化,因此 ILPF 的输出非常模糊。在前景像素旁边的背景中,还存在严重的振铃伪影,即意大利面条状的结构。在 BLPF 中,卷积函数是连续的,与 ILPF 相比,它产生更少的模糊和振铃伪影。由于平滑算子形成了 GLPF 卷积函数,因此与 ILPF 和 BLPF 相比,GLPF 的输出不太模糊。

7.5.4 理想高通滤波器

二维理想高通滤波器(IHPF)的卷积函数如下:

$$H(u,v) = \begin{cases} 0, & \text{如果 } d(u,v) \leqslant d_0 \\ 1, & \text{其他} \end{cases} \tag{7.22}$$

其中 d_0 是截止频率,$d(u,v)$ 是距原点的欧几里得距离。

理想高通滤波器的 Python 代码如下所示。

```
import cv2
import numpy, math
import scipy.fftpack as fftim
from PIL import Image

# 打开图像并将其转换为灰度图像
a = Image.open('../Figures/endothelium.png').convert('L')
# 执行 FFT
```

```
b = fftim.fft2(a)
# 平移傅里叶频率图像
c = fftim.fftshift(b)

# 初始化卷积函数变量
M = c.shape[0]
N = c.shape[1]
# 定义 H,并将 H 中的值初始化为 1
H = numpy.ones((M,N))
center1 = M/2
center2 = N/2
d_0 = 30.0 # 截止半径

# 定义 IHPF 的卷积函数
for i in range(1,M):
    for j in range(1,N):
        r1 = (i - center1) ** 2 + (j - center2) ** 2
        # 计算到原点的欧几里得距离
        r = math.sqrt(r1)
        # 利用截止半径消除低频
        if 0 < r < d_0:
            H[i,j] = 0.0
# 执行卷积
con = c * H
# 计算逆 FFT 的幅度
d = abs(fftim.ifft2(con))
# 在 Figures 文件夹中,将图像另存为 glowpass_output.png
cv2.imwrite('../Figures/ihighpass_output.png', d)
```

在这个程序中,滤波器(H)是通过对截止半径外的所有像素赋值为 1,否则赋值为 0 进行创建的。

7.5.5　巴特沃斯高通滤波器

巴特沃斯高通滤波器(BHPF)的卷积函数如下:

$$H(u,v) = \frac{1}{1 + \left(\dfrac{d_0}{d(u,v)}\right)^{2n}} \tag{7.23}$$

其中 d_0 是截止频率, $d(u,v)$ 是距原点的欧几里得距离, n 是 BHPF 的阶数。

BHPF 的 Python 代码如下所示。

```
import cv2
import numpy, math
import scipy.misc
import scipy.fftpack as fftim
from PIL import Image

# 打开图像
```

```
a = cv2.imread('../Figures/endothelium.png')
# 将图像转换为灰度图像
b = cv2.cvtColor(a, cv2.COLOR_BGR2GRAY)
# 执行 FFT
c = fftim.fft2(b)
# 平移傅里叶频率图像
d = fftim.fftshift(c)
# 初始化卷积函数变量
M = d.shape[0]
N = d.shape[1]
# 定义 H,并将 H 中的值初始化为 1
H = numpy.ones((M,N))
center1 = M/2
center2 = N/2
d_0 = 30.0 # 截止半径
t1 = 1 # BHPF 阶数
t2 = 2 * t1

# 定义 BHPF 的卷积函数
for i in range(1,M):
    for j in range(1,N):
        r1 = (i - center1) ** 2 + (j - center2) ** 2
        # 计算到原点的欧几里得距离
        r = math.sqrt(r1)
        # 利用截止半径消除低频
        if 0 < r < d_0:
            H[i,j] = 1/(1 + (r/d_0) ** t2)

# 将 H 转换成图像
H = Image.fromarray(H)
# 执行卷积
con = d * H
# 计算逆 FFT 的幅值
e = abs(fftim.ifft2(con))
cv2.imwrite('../Figures/bhighpass_output.png', e)
```

7.5.6　高斯高通滤波器

高斯高通滤波器(GHPF)的卷积函数如下:

$$H(u,v) = 1 - e^{\frac{-d^2(u,v)}{2d_0^2}}$$

(7.24)

其中 d_0 是截止频率,$d(u,v)$ 是距原点的欧几里得距离。

GHPF 的 Python 代码如下所示。

```
import cv2
import numpy, math
import scipy.fftpack as fftim
from PIL import Image
```

```
# 打开图像并将其转换为灰度图像
a = Image.open('../Figures/endothelium.png').convert('L')
# 执行 FFT
b = fftim.fft2(a)
# 平移傅里叶频率图像
c = fftim.fftshift(b)

# 初始化卷积函数的变量
M = c.shape[0]
N = c.shape[1]
# 定义 H,并将 H 中的值初始化为 1
H = numpy.ones((M,N))
center1 = M/2
center2 = N/2
d_0 = 30.0 # 截止半径
t1 = 2 * d_0

# 定义 GHPF 的卷积函数
for i in range(1,M):
    for j in range(1,N):
        r1 = (i-center1)**2 + (j-center2)**2
        # 计算到原点的欧几里得距离
        r = math.sqrt(r1)
        # 利用截止半径消除低频
        if 0 < r < d_0:
            H[i,j] = 1 - math.exp(-r**2/t1**2)

# 将 H 转换成图像
H = Image.fromarray(H)
# 执行卷积
con = c * H
# 计算逆 FFT 的幅值
e = abs(fftim.ifft2(con))
# 在 Figures 文件夹中,将图像另存为 glowpass_output.png
cv2.imwrite('../Figures/ghighpass_output.png', e)
```

图 7.3(a)是内皮细胞。图 7.3(b)、图 7.3(c)和图 7.3(d)分别是 IHPF、BHPF 和 GHPF 的输出,其截止半径为 30。高通滤波器用于确定边缘。请注意每种情况下边缘的形成方式。

7.5.7　带通滤波器

顾名思义,带通滤波器允许频率在一个波段或一定范围内。频带外的所有频率都设置为 0。与低通滤波器和高通滤波器相似,带通滤波器可以是理想、巴特沃斯或高斯。下面介绍理想带通滤波器 IBPF。

IBPF 的 Python 代码如下所示。

```
import scipy.misc
import numpy, math
```

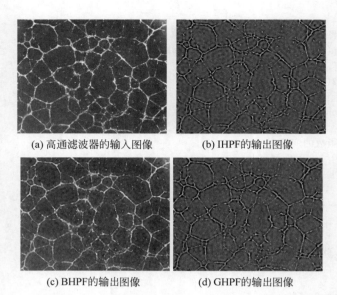

(a) 高通滤波器的输入图像　　　　　(b) IHPF的输出图像

(c) BHPF的输出图像　　　　　(d) GHPF的输出图像

图 7.3　高通滤波器示例(输入图像和所有输出图像都显示在空间域中)

```python
import scipy.fftpack as fftim
from PIL import Image
import cv2
# 打开图像并将其转换为灰度图像
b = Image.open('../Figures/fft1.png').convert('L')
# 执行 FFT
c = fftim.fft2(b)
# 平移傅里叶频率图像
d = fftim.fftshift(c)
# 初始化卷积函数的变量
M = d.shape[0]
N = d.shape[1]
# 定义 H, 并将 H 中的值初始化为 1
H = numpy.zeros((M,N))
center1 = M/2
center2 = N/2
d_0 = 30.0 # 最小截止半径
d_1 = 50.0 # 最大截止半径


# 定义带通的卷积函数
for i in range(1,M):
    for j in range(1,N):
        r1 = (i - center1) ** 2 + (j - center2) ** 2
        # 计算到原点的欧几里得距离
        r = math.sqrt(r1)
        # 使用最小和最大截止半径创建带通滤波器
        if r > d_0 and r < d_1:
            H[i,j] = 1.0


# 将 H 转换成图像
```

```
H = Image.fromarray(H)
# 执行卷积
con = d * H
# 计算逆 FFT 的幅值
e = abs(fftim.ifft2(con))
# 保存图像为 ibandpass_output.png
cv2.imwrite('../Figures/ibandpass_output.png', e)
```

与高通或低通滤波器相比,该程序的区别在于滤波器的创建。在带通滤波器中,最小截止半径设置为30,最大截止半径设置为50。仅通过30～50的亮度,其他所有值都设置为0。图7.4(a)是IBPF的输入图像,图7.4(b)是IBPF的输出图像。注意,与输入相比,IBPF的输出图像中的边缘更清晰。可以使用前面讨论的公式创建巴特沃斯滤波器和高斯滤波器。

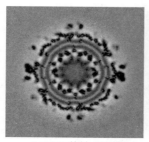 

(a) IBPF的输入图像　　　(b) IBPF的输出图像

图 7.4　IBPF 的示例(输入图像和输出图像显示在空间域中)

7.6　总结

(1) 低通滤波器用于降噪或平滑图像。高通滤波器用于边缘增强或锐化。

(2) 在理想低通和高通滤波器中,考虑了巴特沃斯滤波器和高斯滤波器。

(3) 带通滤波器具有最小截止半径和最大截止半径。

(4) 卷积可视为组合两个图像的过程。卷积是傅里叶域中的乘法。逆过程称为去卷积。

(5) 傅里叶变换可用于图像滤波、压缩、增强、恢复和分析。

7.7　练习

(1) 傅里叶变换是一种将任意函数转换为基函数之和的方法。研究并找到至少两种其他的此类方法。撰写它们在图像处理中的应用报告。(提示:小波、z 变换)

(2) 前面给出了确定傅里叶系数的示例,但是讨论仅限于4个系数。假设 $f(4)=2$,确定第 5 个系数。

（3）与其他像素相比,傅里叶图像中的中心像素更亮,解释原因。

（4）图 7.2(b)在物体边缘具有模糊结构。它是什么? 是什么导致了伪影? 为什么 BLPF 和 GLPF 输出图像中的伪影更少?

（5）考虑一个大小为 10000×10000 像素的图像,该图像需要与大小为 100×100 的滤波器进行卷积。指出最有效的卷积方法,它是空间域的卷积还是傅里叶的卷积?

第8章
图像分割

8.1 简介

分割是将图像分成多个逻辑区域的过程。可以将区域定义为具有相似特性的像素,如亮度、纹理等。有很多分割方法,包括基于直方图分割、基于区域分割、边缘分割、基于微分方程法、轮廓法、图分区方法、基于模型分割和聚类方法等。

本章讨论基于直方图分割、基于区域分割和基于轮廓分割的方法。第 4 章讨论了基于边缘的分割。其他方法超出了书的范围,有兴趣的读者可以参阅[GWE09]、[Rus11]和[SHB+99]以了解更多详情。

8.2 基于直方图分割

在基于直方图分割的方法中(图 8.1),使用图像的直方图来确定阈值。

将图像中的每个像素与阈值进行比较。如果像素亮度小于阈值,则将分割图像中的相应像素值分配为 0。如果像素亮度大于阈值,则将分割图像中的相应像素值分配为 1。因此,

```
if pv ⩾ threshold then
    segpv = 1
else
    segpv = 0
end if
```

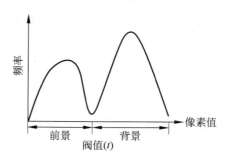

图 8.1   阈值将像素分为前景和背景

其中 pv 是图像中的像素值,segpv 是分割后的图像中的像素值。

不同基于直方图的方法在确定阈值的技术上有所不同。我们将讨论 Otsu 方法和 Renyi 熵方法。在背景不均匀的图像中,基于直方图方法的全局阈值可能不是最佳的。在这种情况下,可以使用局部自适应阈值处理(稍后讨论)。

8.2.1 Otsu 方法

如果图片的直方图是双峰的,则 Otsu 方法[Ots79]效果最好,它也可以应用于其他直方图。双峰直方图是一种由波谷分隔开两个不同波峰的直方图(类似于图 8.1)。一个波峰是背景,另一个波峰是前景。Otsu 算法搜索使前景像素和背景像素之间方差最大化的阈值,从而更好地从背景中分割前景。

令 L 为图像中的亮度值。对于 8 位图像,$L=2^8=256$。对于阈值 t,计算每个亮度的概率 p_i。背景像素的概率为 $P_{b(t)}=\sum_{i=0}^{t}p_i$,前景像素的概率为 $P_{f(t)}=\sum_{i=t+1}^{L-1}p_i$。令 $m_b=\sum_{i=0}^{t}ip_i$,$m_f=\sum_{i=t+1}^{L-1}ip_i$ 和 $m=\sum_{i=0}^{L-1}ip_i$ 分别表示背景、前景和整个图像的平均亮度。设 v_b、v_f 和 v 分别为背景、前景和整个图像的方差。式(8.1)给出组内的方差,式(8.2)给出组间的方差。

$$v_{\text{within}}=P_b(t)v_b+P_f(t)v_f \tag{8.1}$$

$$v_{\text{inbetween}}=v-v_{\text{within}}=P_bP_f(m_b-m_f)^2 \tag{8.2}$$

对于不同的阈值,将重复执行组内方差和组间方差的查找过程。使组间方差最大化或使组内方差最小化的阈值被视为 Otsu 阈值。将亮度小于阈值的所有像素值设置为 0,将亮度大于阈值的所有像素值设置为 1。

在彩色图像的情况下,由于存在红色、绿色和蓝色三个通道,因此需要计算每个通道的阈值。

以下是 Otsu 方法的 Python 函数:

```
skimage.filter.threshold_otsu(image, nbins = 256)
函数参数说明:
必需参数:
image 为灰度输入图像。
可选参数:
nbins 为计算直方图时应考虑的区间数量。
```

Otsu 方法的 Python 代码如下。

```python
import cv2
import numpy
from PIL import Image
from skimage.filters.thresholding import threshold_otsu

# 打开图像并将其转换为灰度图像
a = Image.open('../Figures/sem3.png').convert('L')
a = numpy.asarray(a)
thresh = threshold_otsu(a)
# 保留亮度大于阈值的像素
b = 255 * (a > thresh)
# 保存图像
cv2.imwrite('../Figures/otsu_output.png', b)
```

图 8.2(a)是原子元素在两个不同阶段中的散射电子图像。使用 Otsu 方法对图像进行分割,输出如图 8.2(b)所示。

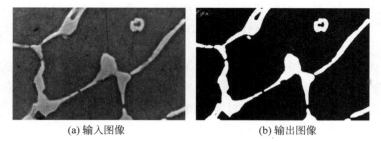

(a) 输入图像　　　　　　　　　　(b) 输出图像

图 8.2　Otsu 方法示例(原始图像经 Karthik Bharathwaj 许可转载)

Otsu 方法使用直方图来确定阈值,因此很大程度上取决于图像像素值。图 8.3(a)是旋转轮图像,使用 Otsu 方法分割此图像,分割后的输出图像如图 8.3(b)所示。由于输入图像中车轮上有阴影,因此 Otsu 方法无法准确分割旋转轮。

(a) 输入图像　　　　　　　　　　(b) 输出图像

图 8.3　Otsu 方法的另一个示例

8.2.2　Renyi 熵

当感兴趣的对象相对于整个图像较小时(即阈值位于直方图的右尾),基于 Renyi 熵分割方法将非常有效。例如,在图 8.4(a)中,与骨骼相比,组织和背景占据更多的区域。在直方图中,背景像素和组织的像素亮度较低,而骨骼区域的像素亮度较高。

在信息理论和图像处理中,熵可以量化变量的不确定性或随机性。此概念是由 Claude E. Shannon 在其 1948 年的论文 *A Mathematical Theory of Communication*[Sha48] 中首次提出的。这篇论文使 Shannon 成为信息理论之父。在信息理论和图像处理中,熵是以位为单位的,其中每个像素值都被视为独立的随机变量。

Shannon 熵的定义为

$$H_1(x) = -\sum_{i=1}^{n} p(x_i) \log_a (p(x_i)) \tag{8.3}$$

其中 x_i 是随机变量,$i=1,2,\cdots,n$,$p(x_i)$ 是随机变量 x_i 的概率,基数 a 可以为 2、e 或 10。

匈牙利数学家 Alfred Renyi 在 1961 年的论文[Ren61]中介绍了 Renyi 熵。Renyi 熵是 Shannon 熵和许多其他熵的拓展,其定义为

$$H_\alpha(x) = \frac{1}{1-\alpha} \log_a \left(\sum_{i=1}^{n} (p(x_i))^\alpha \right) \tag{8.4}$$

其中 x_i 是随机变量,其中 $i=1,2,\cdots,n$,$p(x_i)$ 是随机变量 x_i 的概率,基数 a 可以是 2、e 或 10。当 $\alpha \to 1$,Renyi 熵等于 Shannon 熵。

图像的直方图用作独立的随机变量以确定阈值。通过将每个频率除以图像中的像素总数,对直方图进行归一化。这将确保归一化后的频率总和为 1,并以此作为直方图的概率分布函数(pdf)。然后计算此 pdf 的 Renyi 熵。

对于低于阈值和高于阈值的所有像素,计算 Renyi 熵,并分别称为背景熵和前景熵。对 pdf 中的所有像素值重复此过程。总熵为 pdf 中每个像素值的背景熵和前景熵之和。总熵图具有一个绝对最大值。对应于该绝对最大值的阈值为分割阈值(t)。

以下是 8 位(灰度)图像的 Renyi 熵的 Python 代码。程序从打开 CT 图像开始执行。接着图像由函数 renyi_seg_fn 处理。该函数获取图像的直方图,并通过将每个直方图的值除以像素总数来计算 pdf。创建两个数组 h1 和 h2 存储背景和前景的 Renyi 熵。对于不同的阈值,使用式(8.4)计算背景和前景的 Renyi 熵。总熵是背景和前景 Renyi 熵的和。熵最大的阈值是 Renyi 熵阈值。

```python
import cv2
from PIL import Image
import numpy as np
import skimage. exposure as imexp
import matplotlib. pyplot as plt

# 定义函数
def renyi_seg_fn(im, alpha):
    hist, _ = imexp.histogram(im)
    # 将所有值转换为浮点数
    hist_float = np. array([float(i) for i in hist])
    # 计算 pdf
    pdf = hist_float/np. sum(hist_float)
    # 计算 cdf
    cumsum_pdf = np. cumsum(pdf)
    s, e = im. min(), im. max()
    scalar = 1.0/(1.0 - alpha)
    # 一个非常小的值,防止由于 log(0)而产生的错误
    eps = np. spacing(1)
    rr = e - s
    # 因为参数是元组,所以需要使用圆括号
    h1 = np. zeros((rr, 1))
    h2 = np. zeros((rr, 1))
    # 下面的循环计算用于计算熵的 h1 和 h2 的值
    for ii in range(1, rr):
        iidash = ii + s
        temp0 = pdf[0:iidash]/(cumsum_pdf[iidash])
        temp1 = np. power(temp0, alpha)
        h1[ii] = np. log(np. sum(temp1) + eps)
        temp0 = pdf[iidash + 1:e]/(1.0 - cumsum_pdf[iidash])
        temp2 = np. power(temp0, alpha)
        h2[ii] = np. log(np. sum(temp2) + eps)
```

```
    T = h1 + h2
    # 计算熵值
    T = T * scalar
    T = T.reshape((rr, 1))[:-2]
    # 最大熵出现的位置是 Renyi 熵的阈值
    thresh = T.argmax(axis = 0)
    return thresh


# 主程序
# 打开图像并将其转换为灰度图像
a = Image.open('../Figures/CT.png').convert('L')
a = np.array(a)
# 调用函数计算阈值
thresh = renyi_seg_fn(a, 3)
print('The renyi threshold is: ', thresh[0])
b = 255 * (a > thresh)
# 将图像保存为 renyi_output.png
cv2.imwrite('../Figures/renyi_output.png', b)
```

　　图 8.4(a)是腹部的 CT 图像。该图像的直方图如图 8.4(b)所示。注意,骨骼区域(较高的像素亮度)位于直方图的右侧,与整个图像相比,其数量较少。在此图像上执行 Renyi 熵的计算以单独分割骨骼区域。分割后的输出图像如图 8.4(c)所示。

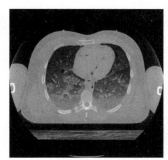

(a) 输入图像

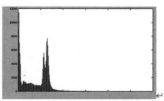

(b) 输入图像直方图

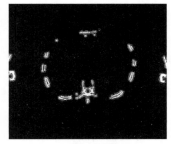

(c) 输出图像

图 8.4　Renyi 熵示例

　　有关阈值化的更多详细信息请参阅[Par91]、[SSW88]和[SPK98]。

8.2.3 自适应阈值化

8.2.1 节中的 Otsu 方法(全局阈值)可能无法提供准确的分割。自适应阈值化有助于解决此问题。在自适应阈值化处理中,首先将图像分为多个子图像。使用均值、中值或高斯方法计算每个子图像的阈值,并将其用于分割子图像。均值方法将子图像的均值用作阈值,中值方法将子图像的中值用作阈值。自定义公式也可以用于计算阈值,如使用子图像中最大和最小像素值的平均值。通过编程,任何基于直方图的分割方法都可以转换为自适应阈值化方法。

以下是自适应阈值化的 Python 函数:

```
cv2.AdaptiveThreshold(image, dst, maxValue, adaptiveMethod, thresholdType, blockSize, C)
```
必需参数:
image 是 NumPy 数组类型的灰度图像。
dst 是 ndarray 型的阈值图像。
maxValue 是图像中的最大像素值。
C 是一个常数值,它应从每个像素值中减去(见下文)。
blockSize 是一个奇数整数,用于指定自适应阈值窗口的大小。
adaptiveMethod 可以是均值或高斯方法。对于均值方法,阈值为 blockSize 内像素值的平均值减参数 C。对于高斯方法,阈值为 blockSize 内区域的加权和减参数 C。
thresholdType 可以是 THRESH_BINARY 或 THRESH_BINARY_INV。在前者中,如果给定的像素值大于阈值,则输出图像中的该像素将被设置为最大值,其他像素将被设置为 0。在后者中,如果给定的像素值小于阈值,则输出图像中的该像素将被设置为最大值,其他像素将被设置为 0。
返回:输出是 ndarray 型的阈值图像。

下面给出了用于自适应阈值化的 Python 代码。

```
import cv2
import numpy
from PIL import Image
from skimage.filters import threshold_local

# 打开图像并将其转换为灰度图像
a = Image.open('../Figures/adaptive_example1.png').convert('L')
a = numpy.asarray(a)
# 执行自适应阈值化
b = cv2.adaptiveThreshold(a,a.max(), cv2.ADAPTIVE_THRESH_
MEAN_C, cv2.THRESH_BINARY,21,10)
# 将图像另存为 Figures 文件夹中的 adaptive_u output.png
cv2.imwrite('../Figures/adaptive_output.png', b)
```

在上面的代码中,使用大小为 40×40 的块执行自适应阈值化处理。参数 C 设置为 10。使用的方法是均值阈值化。图 8.5(a)是输入图像。明亮的区域是不均匀的,它从左边缘暗色到右边缘亮色变化。Otsu 方法对整个图像使用单阈值分割,因此无法正确分割图像,如图 8.5(b)所示。图像左侧部分的文字被暗色区域遮盖。自适应阈值化方法使用局部阈值能够准确分割图像,如图 8.5(c)所示。

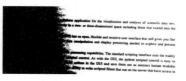

(a) 输入图像   (b) Otsu方法输出图像

(c) 自适应阈值化输出图像

图 8.5 自适应阈值化与 Otsu 阈值化示例

8.3 基于区域分割

区域是有相同属性的像素组合或集合(特征相似)。特征可以是像素亮度、纹理或其他物理特征。

前文使用从直方图获得的阈值来分割图像。本节将演示基于感兴趣区域的分割技术。在图 8.6 中,对象分别被标记为 R_1、R_2、R_3、R_4,背景标记为 R_5。

不同的区域构成图像,即 $\bigcup_{i=1}^{5} R_i = I$,$I$ 代表整个图像。没有两个区域是重叠的,对于 $i \neq j$,有 $R_i \bigcap R_j = \varnothing$。每个区域都连接在一起,$R_i$ 代表从 $i = 1 \sim n$ 的区域。下面制定管理基于区域的分割的基本规则。

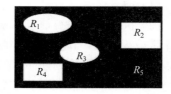

图 8.6 基于区域分割的图像示例

(1) 所有区域合并应等于图像,即 $\bigcup_{i=1}^{n} R_i = I$。

(2) 对于 $i(1 \sim n)$,每个区域(R_i)相连。

(3) 没有两个区域是重叠的,$R_i \bigcap R_j = \varnothing$。

为了分割区域,需要一些先验信息。该先验信息是种子像素,它是前景图像中的一部分。种子像素的增长是通过考虑其邻近区域中具有相似属性的像素来实现的。此过程将区域中具有相似属性的所有像素连接起来。当没有其他像素具有与该区域相同的特征时,该区域的增长过程将终止。

种子像素的先验知识不一定能够获得。在这种情况下,应考虑不同区域的特征列表,然后将满足特定区域特征的像素组合在一起。最流行的基于区域的分割方法是分水岭分割。

以灰度图像为例执行分水岭分割。用图像的灰度值表示图像的地形的峰谷。地形中的最低谷是绝对最小值。最高的灰度值对应于地形中的最高点。分水岭分割可以为:一个区域内,如果在其任意点放置一滴水,它将沉降到绝对值最小点,所有这些任意位置点的集合都称为该最小值的集水盆地或分水岭。如果从某个物体的绝对最小值处以均匀的速率供水,则当水充满该物体时,水将会在某点溢出到其他物体中。水坝的建造可防止水溢出到其他物体或区域。水坝是分水岭分割线。分水岭分割线是将一个对象与另一个对象分开的边缘。

下面介绍水坝的建造方式。为简单起见,假设有两个区域: R_1 和 R_2。令 C_1 和 C_2 为相应的集水盆地。每个时间步长都增加构成集水盆地的区域,这可以通过使用大小为 3×3 的结构元素对区域进行膨胀来实现。如果在时间步长 n 处,C_1 和 C_2 成为一个连通区域,那么在时间步长 $n-1$ 处,区域 C_1 和 C_2 断开连接。水坝或分水岭分割线可以通过获取时间步长 n 和 $n-1$ 处的图像的差异来获得。

1992 年,F. Meyer 提出了一种分割彩色图像的算法[Mey92]和[Mey94]。cv2.watershed 使用 Meyer 泛洪算法进行分水岭分割,该算法概述如下:

(1) 给定原始输入图像和标记图像作为输入。

(2) 对于标记图像中的每个区域,其相邻像素根据灰度级放置在排序列表中。

(3) 将具有最高等级(最高灰度级)的像素与标记区域进行比较。如果标记区域中的像素与给定像素具有相同的灰度级,则该像素将被包括在标记区域中,与邻近像素形成一个新的排序列表。该步骤有助于标记区域的增长。

(4) 重复上述步骤,直到列表中没有元素。

在执行分水岭分割之前,必须对图像进行预处理以获得标记图像。由于水来自集水盆地,因此这些盆地点集可确定的前景像素。确定的前景像素图像称为标记图像。预处理操作包括:

(1) 前景像素从背景像素中分割出来。

(2) 执行腐蚀获得前景像素。腐蚀是一种形态学操作,在其操作中背景像素增长而前景像素减少。9.4 节和 9.7 节将详细说明腐蚀。

(3) 距离变换将创建一个图像,其中每个像素都包含其自身与最近的背景像素之间的距离值。进行阈值化处理以获得离背景像素最远的像素,并确保它是前景像素。

(4) 在标识过程中区域中所有连接的像素被赋予一个值。将标识图像用作标记图像。可以在 10.2 节中找到标号的进一步说明。

这些分水岭操作在后面提供的 cv2.watershed 代码中使用。

下面展示用于预处理的所有 cv2 函数,如腐蚀、阈值化、距离变换和分水岭。更详细的文档可以在[Ope20a]中找到。随后是使用 cv2 模块的 Python 程序。

腐蚀的 cv2 函数如下:

```
cv2.erode(input, element, iterations, anchor, borderType, borderValue)
```
必需参数:

input 为输入图像。

iterations 是一个整数值,对应执行腐蚀的次数。

可选参数:

element 是结构元素,默认值为空。如果指定 element,则 anchor 为 element 的中心,默认值为(-1, -1)。

borderType 类似于卷积函数中的 mode 参数。如果 borderType 是常量,则应该指定 borderValue。

返回:

腐蚀后的图像。

用于阈值化的 cv2 函数如下：

cv2.threshold(input, thresh, maxval, type)
必需参数：
input 为一个输入数组。它是 8 位或 32 位图像。
thresh 为阈值。
可选参数：
当阈值类型为 THRESH_BINARY 或 THRESH_BINARY_INV 时,应对 maxval 变量赋值并使用。
type 可以是 THRESH_BINARY、THRESH_BINARY_INV、THRESH_TRUNC、THRESH_TOZERO 和 THRESH_TOZERO_
INV。此外,可以将 THRESH_OTSU 添加到上述任何一项中。例如,在 THRESH_BINARY + THRESH_OTSU 中,
阈值由 Otsu 方法确定,然后将根据 THRESH_BINARY 定义的规则应用该阈值。亮度大于阈值的像素将
被指定为 maxval,其余的将被指定为 0。
返回：
输出数组的大小和类型与输入数组相同。

距离变换的 cv2 函数如下：

cv2.DistTransform(image, distance_Type, mask_Size, labels, labelType)
必需参数：
image 为一张 8 位单通道的图像。
distance_Type 用于指定距离公式,可以是 CV_DIST_L1(由 0 给出)、CV_DIST_L2(由 1 给出)或 CV_DIST
_C(由 2 给出)。对于 (x,y) 和 (t,s) 之间的距离,CV_DIST_L1 是 $|x-t|+|y-s|$,CV_DIST_L2 是欧几
里得距离,CV_DIST_C 是 $\{|x-t|,|y-s|\}$ 的最大值。
掩码的大小可以由 mask_Size 指定。如果 mask_Size 为 3,则考虑 3×3 掩码。
可选参数：
可以使用 Labels 返回标签的二维数组。
上述标签数组的类型可以通过 labelType 指定。如果 labelType 是 DIST_LABEL_CCOMP,那么每个相连
接的区域将被分配相同的标签;如果 labelType 是 DIST_LABEL_PIXEL,那么每个相连接的区域都有自
己的标签。
返回：
输出是与输入大小相同的距离图像。

分水岭的 cv2 函数如下：

cv2.watershed(image, markers)
必需参数：
image 是一张 8 位 3 通道彩色图像。该函数将彩色图像转换为灰度图像,它只接受彩色图像作为
输入。
markers 是一张带标签的 32 位单通道图像。
返回：
输出是一张 32 位图像,它被覆盖在标记图像上。

分水岭分割的 cv2 代码如下。调用 cv2.watershed 函数的各种 Python 语句创建标记图像。

```
import cv2
from scipy.ndimage import label

# 打开图像
a = cv2.imread('../Figures/cellimage.png')
# 转换成灰度图像
```

```
a1 = cv2.cvtColor(a, cv2.COLOR_BGR2GRAY)
# 对图像进行阈值化,获得细胞像素
thresh,b1 = cv2.threshold(a1, 0, 255,cv2.THRESH_BINARY_INV + cv2.THRESH_OTSU)
# 由于 Otsu 方法已经过度分割图像,因此执行腐蚀运算
b2 = cv2.erode(b1, None,iterations = 2)
# 执行距离变换
dist_trans = cv2.distanceTransform(b2, 2, 3)
# 对距离变换图像进行阈值化,得到前景像素
thresh, dt = cv2.threshold(dist_trans, 1,255, cv2.THRESH_BINARY)
# 执行标记
labelled, ncc = label(dt)
# 执行分水岭算法
cv2.watershed(a, labelled)
# 将图像保存为 watershed_output.png
cv2.imwrite('../Figures/watershed_output.png', labelled)
```

图 8.7(a)显示了在瓶中培养的染色的成骨细胞。读取图像并对其进行阈值化处理以获得前景像素,如图 8.7(b)所示。在阈值化之前,需要将图像转换为灰度图像。腐蚀图像以确保获得有保证的前景像素,如图 8.7(c)所示。距离变换(图 8.7(d))和相应的阈值化(图 8.7(e))可确保获得有保证的前景像素图像(即标记图像)。在分水岭中使用标记图像以获得如图 8.7(f)所示的图像。cv2 分水岭函数的输入是彩色输入图像和标记图像。

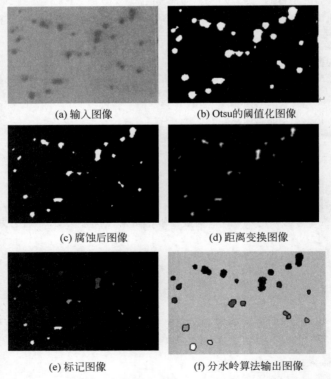

(a) 输入图像   (b) Otsu的阈值化图像

(c) 腐蚀后图像   (d) 距离变换图像

(e) 标记图像   (f) 分水岭算法输出图像

图 8.7 分水岭分割的示例(原始图像经明尼苏达大学共济会癌症中心 Susanta Hui 博士允许转载)

8.4　基于轮廓分割

　　Chan-Vese[CV99]是一种区域分割技术。它将分割作为一种优化问题，即使对象之间的边界没有明确定义，它也允许进行分割。

　　给定一个图像 $f(x)$，其中 x 可以具有多个维度。假设此图像上存在曲线 C。通过最小化公式找到最佳拟合曲线，定义如下。第 1 项确保曲线具有最小长度。第 2 项确保曲线的面积最小。第 3 项仅在曲线内部评估，并确保曲线内部的所有像素具有接近 c_1 的像素值。第 4 项仅在曲线的外部进行评估，并确保曲线外部的所有像素具有接近 c_2 的像素值。

$$\arg\min_{c1,c2,C} \mu Length(C) + vInsideArea(C) + \lambda_1 \int |f(x) - c_1| + \lambda_2 \int |f(x) - c_2| \quad (8.5)$$

μ 表示曲线的平滑度。它的值越高，曲线越平滑；它的值越低且接近 0，曲线越粗糙。在创建更平滑的曲线时，会排除较小的区域，而粗糙的曲线会包含较小的对象。

　　通常，λ_1 和 λ_2 在内部和外部区域的权重相等。Scikit-Image 中，两者的默认值都为 1。

　　Scikit-Image 中，Chan-Vese 的实现不包括公式(8.5)中的第 2 项。

　　以下程序演示了 Chan-Vese 算法的分割效果。因为 Scikit-image 只能对灰度图像执行分割，所以读取图像并将其转换为灰度图像。图像以 3 种可能的 μ 值(0.1、0.3、0.6)提供给 Chan-Vese 函数。其余代码绘制对应于 μ 的输入图像和输出图像。

```python
from PIL import Image
import matplotlib.pyplot as plt
from skimage.segmentation import chan_vese
import numpy as np

# 打开图像并将其转换为灰度图像
img = Image.open('../Figures/imageinverse_input.png').convert('L')
img = np.array(img)

cv1 = chan_vese(img, mu = 0.1)
cv2 = chan_vese(img, mu = 0.3)
cv3 = chan_vese(img, mu = 0.6)
fig, axes = plt.subplots(2, 2, figsize = (8, 8))
ax = axes.flatten()
ax[0].imshow(img, cmap = "gray")
ax[0].set_axis_off()
ax[0].set_title("Original Image", fontsize = 12)

ax[1].imshow(cv1, cmap = "gray")
ax[1].set_axis_off()
ax[1].set_title("mu = 0.1", fontsize = 12)

ax[2].imshow(cv2, cmap = "gray")
ax[2].set_axis_off()
ax[2].set_title("mu = 0.3", fontsize = 12)
```

```
ax[3].imshow(cv3, cmap = "gray")
ax[3].set_axis_off()
ax[3].set_title("mu = 0.6", fontsize = 12)
plt.show()
```

该程序的输出如图 8.8 所示。左上方的图像是原始图像。右上方是 $\mu=0.1$ 的分割图像。左下方是 $\mu=0.3$ 的分割图像。右下方是 $\mu=0.6$ 的分割图像。

如前所述,较小的 μ 值(如 0.1)会产生更平滑的曲线,并且在分割图像中只找到较大的对象。较大的 μ 值(如 0.6)会产生粗糙的曲线,并且找到较小的对象。

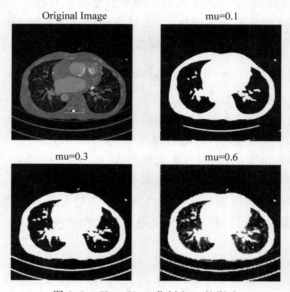

图 8.8　Chan-Vese 分割和 μ 的影响

8.5　各种模式的分割算法

到目前为止,已经讨论了多种分割算法,但未涉及成像模式。每种成像模式都有其独特的特征。为了创建良好的分割算法,需要了解这些特征。

8.5.1　计算机断层扫描图像分割

第 13 章讨论了 CT 成像的详细信息。在 CT 图像中,像素亮度以 Hounsfield 为单位。像素亮度具有物理意义,因为它们是该材料的电子密度图。无论是对人类、老鼠还是狗进行成像,单位都是相同的。因此,+1000 的像素亮度始终对应电子密度类似于骨骼的材料。−1000 的像素亮度始终对应于电子密度类似于空气的材料。因此,对于 CT,分割过程变得更简单。为了分割 CT 图像中的骨骼,简单的阈值化(如将所有大于+1000 的像素赋值为1)就足够了。因为存在与各种材料(如软组织、硬组织等)相对应的像素值范围列表可用,从而简化了分割过程。但是,这基于假设 CT 图像已被校准为 Hounsfield 单位的图像。如果不满足,则必须使用传统的分割技术。

8.5.2　MRI 图像分割

MRI 的详细信息在第 14 章中进行了讨论。MRI 图像没有标准化单位,因此需要使用本章中讨论的传统的分割技术进行分割。

8.5.3　光学和电子显微镜图像分割

光学和电子显微镜的细节分别在第 15 章和第 16 章中进行了讨论。在患者的 CT 和MRI 成像中,各个器官的形状、大小和位置相似。在光学和电子显微镜下,从同一样本获取的两个图像可能看起来并不相似,因此必须使用传统技术。

8.6　总结

(1) 分割是将图像分成多个逻辑段的过程。
(2) 基于直方图的分割方法根据直方图确定阈值。
(3) Otsu 方法确定了使组间方差最大化或最小化的阈值。
(4) 使前景和背景之间的熵最大化的阈值是 Renyi 熵阈值。
(5) 自适应阈值化方法通过将图像划分为子图像,然后对每个子图像应用阈值化来分割图像。
(6) 当图像中有重叠的对象时,使用分水岭分割。
(7) Chan-Vese 分割是一个优化问题,它以最小的长度和面积绘制一条曲线。

8.7　练习

(1) 本章讨论了多种分割方法。请查阅列为参考的书籍,并指出至少三种其他的方法,包括分割过程的详细信息、优点和缺点。
(2) 考虑本章基于直方图的分割方法中采用的图像,使用 ImageJ 以各种角度或距离旋转或平移图像,并针对每种情况分割图像。对于不同的旋转和平移,阈值是否有所不同?如果阈值存在差异,请说明变化的原因。
(3) 如果在保持图像大小不变的情况下,使用 ImageJ 放大图像会发生什么? 尝试不同的缩放级别(2 倍、3 倍和 4 倍),并解释阈值变化的原因。(提示:这将显著改变图像的内容,从而改变直方图和分割阈值。)
(4) 在各种分割结果中,会发现错误对象。给出一种删除这些对象的方法。(提示:形态学。)

第 9 章
形态学操作

9.1 绪论

到目前为止,已经介绍了对图像像素进行滤波、傅里叶变换等操作。通过形态学操作了解图像中物体的形状是图像分析的重要部分。形态学是指形式或结构。在形态学操作中,使用结构化元素转换物体的结构或形式。这些操作会更改图像中物体的形状和大小。形态学操作可以应用于二值图像、灰度图像和彩色图像。在本章中,由于大多数生物医学图像是灰度图像或二值图像,因此省略了在彩色图像上的形态学操作的讲解。我们从基本的形态学操作开始进行,如膨胀、腐蚀、开操作和闭操作,然后讲解复合操作,如击中或击不中和骨架化。

9.2 历史

形态学是由 Jean Serra 在 20 世纪 60 年代提出的,作为他在法国巴黎矿业学院(Ecole des Mines de Paris)师从 Georges Matheron 教授的博士论文中的一部分内容。Serra 将他在地质学领域研究的技术应用于数字图像领域。随着现代计算机的出现,形态学开始应用于各种类型的图像,如黑白图像、灰度图像和彩色图像。在接下来的几十年中,Serra 开发了将形态学应用于各种数据类型的形式,如图像、视频、网格等。更多信息请参阅[Dou92]、[HBS13]、[MB90]、[NT10]、[Ser82]、[SS94]和[Soi04]。

9.3 膨胀

本节假定存在一张二值输入图像。前景像素值为1,背景像素值为0。膨胀使图像中的前景像素增加或扩展。因此,该操作将填充对象中的小孔。它还用于组合彼此距离足够近、但未连接的对象。

图像 I 与结构元素 S 的膨胀可表示为 $I \oplus S$。

图 9.1(a)是大小为 4×5 的二值图像。前景像素亮度为 1,背景像素亮度为 0。图 9.1 (b)的结构元素用于执行膨胀。膨胀的详细步骤如下:

(1) 图 9.1(a)是输入为 0 和 1 的二值图像。

(2) 图 9.1(b)是用于膨胀的结构元素。阴影方块 1 代表参考像素或结构元素的原点。 该结构元素大小为 1×2。结构元素中的两个值在膨胀的过程中都起着重要作用。

(3) 为了更好地说明膨胀过程,在图 9.1(a)中的第一行的每个像素上应用结构元素。

(4) 使用此结构元素,只能将边界向右增加一个像素。如果给定一个全为 1 的 1×3 结 构元素,并且其原点位于中心,则边界将在左右方向上各增加一个像素。形态学操作是在 输入图像上执行的,而不是在中间结果上。形态学操作的输出是所有中间结果的总和。

(5) 将结构元素放置在该行的第一个像素上,并比较结构元素中的像素值与图像中的 像素值。由于结构元素中的参考值为 1,而图像中对应位置的像素值为 0,因此输出图像中 的像素值保持不变。在图 9.1(c)中,左侧是膨胀过程的输入,右侧是中间结果。

(6) 将结构化元素向右移动一个像素。现在,结构元素中的参考像素与图像中对应位 置的像素值匹配。由于参考值旁边的像素值也与图像中对应位置的像素值匹配,因此输出 图像的像素值不变,如图 9.1(d)所示。

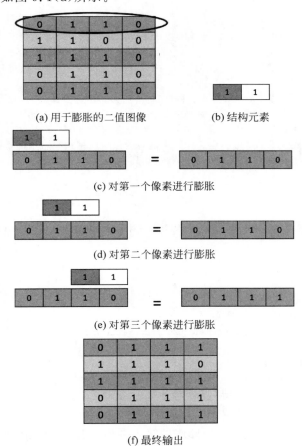

图 9.1　二值膨胀示例

（7）将结构元素向右移动一个像素。现在，结构元素中的参考像素与图像中对应位置的像素值匹配。但是参考值旁边的值与图像中对应位置的像素值不匹配，如图 9.1(e)所示，中间结果中的像素值将更改为 1。

（8）如果将结构元素再移动一个像素，它将落在图像边界之外。

（9）对输入图像中的每个像素重复此过程。图 9.1(f)给出了对整个图像进行膨胀后的输出。

（10）使用同一结构元素多次重复该过程。在这种情况下，上一次迭代的输出（图 9.1(f)）将用作下一次迭代的输入。

总的来说，膨胀的过程为：首先检测物体的边界像素，然后在边界增加一定数量的像素（在该情况中为向右增加 1 个像素）。通过多次迭代或使用较大的结构元素重复此过程，边界像素可以增加多个像素。

以下是用于二值膨胀的 Python 函数：

> scipy. ndimage. morphology. binary_dilation(input, structure = None, iterations = 1, mask = None, output = None, border_value = 0, origin = 0, brute_force = False)
>
> 必需参数：
> input 为输入图像。
> 可选参数：
> structure 为用于膨胀的结构元素。如果未提供 structure,则 SciPy 假定其为值为 1 的方形结构元素。数据类型为 ndarray。
> iterations 是重复膨胀的次数。默认值为 1。如果该值小于 1,则重复该过程，直到结果没有变化。数据类型是整数或浮点数。
> mask 是一张图像，它与输入图像的大小相同，值为 1 或 0。在每次迭代时，仅修改输入图像中与掩码图像中的值 1 对应的点。如果只需要膨胀输入图像的一部分，这将很有用。数据类型是 ndarray。
> origin 确定结构元素的原点。默认值 0 对应于原点（参考像素）位于中心的结构元素。数据应为一维结构元素的 int 或多维的 int 元组。元组中的每个值对应结构元素中的不同维度。
> border_value 为用于输出图像中的边界像素，它可以是 0 或 1。
> 返回：
> 输出为 ndarray 数组。

以下是 Python 代码，该代码读取输入图像，并使用 binary_dilation 函数执行 5 次膨胀。

```
from PIL import Image
import scipy. ndimage as snd
import numpy as np
import cv2
# 打开图像并将其转换为灰度图像
a = Image. open('../figures/dil_image.png'). convert('L')
a = np. array(a)
# 执行 5 次迭代的二值膨胀
b = snd. morphology. binary_dilation(a, iterations = 5)
# 将图像保存为 8 位、布尔类型的二值图像 b
cv2. imwrite('../figures/di_binary.png', b * 255)
```

图 9.2(a)是用于 5 次迭代的二值膨胀的输入图像，图 9.2(b)给出了相应的输出图像。由于二值膨胀运算使前景像素扩展或增加，因此输入图像中白色区域（前景像素）内的小黑点（背景像素）消失了。

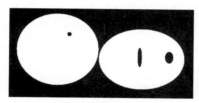
(a) 用于膨胀的黑白图像

(b) 经过5次迭代膨胀后的输出图像

图 9.2 二值膨胀示例

9.4 腐蚀

腐蚀通过从物体边界去除像素来缩小图像中的物体。腐蚀与膨胀相反。

图像 I 和结构元素 S 的腐蚀可表示为 $I \ominus S$。

用与膨胀相同的二值输入图像和结构元素来说明腐蚀。图 9.3(a)是大小为 4×5 的二值图像。结构元素 9.3(b)用于执行腐蚀。腐蚀过程的步骤如下：

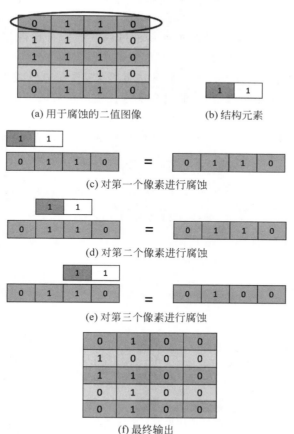

(a) 用于腐蚀的二值图像   (b) 结构元素

(c) 对第一个像素进行腐蚀

(d) 对第二个像素进行腐蚀

(e) 对第三个像素进行腐蚀

(f) 最终输出

图 9.3 二值腐蚀示例

(1) 图 9.3(a)是输入为 0 和 1 的二值图像。背景像素用 0 表示,前景像素用 1 表示。

(2) 图 9.3(b)为将用于腐蚀的结构元素。阴影方块 1 表示参考像素或结构元素的原点。该结构元素大小为 1×2。结构元素中的两个值在腐蚀过程中都起着重要作用。

(3) 在图 9.3(a)中的第一行的每个像素上应用结构元素。

(4) 使用此结构元素,只能将边界向右腐蚀一个像素。

(5) 将结构元素放置在该行的第一个像素上,比较结构元素中的像素值与图像中的像素值。由于结构元素中的参考值为 1,而图像中对应位置的像素值为 0,因此像素值保持不变。在图 9.3(c)中,左侧是腐蚀过程的输入,右侧是中间结果。

(6) 将结构元素向右移动一个像素。结构元素中的参考像素与图像像素值匹配。由于参考值旁边的值与图像中对应位置的像素值匹配,因此输出图像中的像素值不会发生变化,如图 9.3(d)所示。

(7) 将结构元素向右移动一个像素。结构元素中的参考像素与图像中对应位置的像素值匹配,但参考值旁边的像素值与图像中对应位置的像素值不匹配,因此参考值下方的像素值将被替换为 0,如图 9.3(e)所示。

(8) 如果再将结构元素向右移动一个像素,它将落在图像边界之外。

(9) 对输入图像中的每个像素重复此过程。图 9.3(f)给出了对整个图像进行腐蚀过程的输出。

(10) 使用相同的结构元素可以多次重复该过程。在这种情况下,上一次迭代的输出(图 9.3(f))将用作下一次迭代的输入。

总而言之,腐蚀过程为:首先检测对象的边界像素,并在边界减少一定数量的像素(在这种情况下为从右侧减少 1 个像素)。通过多次迭代或使用较大的结构元素重复此过程,边界像素可以减少多个像素。

下面给出二值腐蚀的 Python 函数。二值腐蚀的参数与前面列出的二值膨胀参数相同。

```
scipy.ndimage.morphology.binary_erosion(input, structure = None, iterations = 1, mask = None,
output = None, border_value = 0, origin = 0, brute_force = False)
```

下面给出了二值腐蚀的 Python 代码。

```
from PIL import Image
import scipy.ndimage as snd
mport numpy as np
import cv2

# 打开图像并将其转换为灰度图像
a = Image.open('../figures/er_image.png').convert('L')
a = np.array(a)
# 执行 20 次迭代的二值腐蚀
b = snd.morphology.binary_erosion(a, iterations = 20)
# 将图像保存为 8 位、布尔类型的二值图像 b
cv2.imwrite('../figures/er_binary_output_20.png', b * 255)
```

图 9.4(b)和图 9.4(c)分别使用 10 次迭代和 20 次迭代演示了对图 9.4(a)执行的二值

腐蚀。腐蚀会去除边界像素,因此在进行 10 次迭代后,两个圆被分开变成哑铃形状。经过 20 次迭代,可以获得更真实的哑铃形状。

(a) 输入腐蚀图像　　(b) 10 次迭代后的输出图像　(c) 20 次迭代后的输出图像

图 9.4　二值腐蚀的示例

9.5　灰度膨胀和灰度腐蚀

灰度膨胀和灰度腐蚀与它们的二值操作相似。在二值膨胀和二值腐蚀中,输入图像中的前景像素值为 1,背景像素值为 0。在灰度膨胀和灰度腐蚀中,前景像素和背景像素可以采用灰度范围内的像素值。例如,使用一张 8 位图像作为输入。

在灰度腐蚀中,亮像素值将缩小,暗像素增加或增长。灰度腐蚀会消除小的明亮物体,而暗色物体将被膨胀。可以在灰度亮度发生变化的区域中观察到腐蚀的影响。

以下是用于灰度腐蚀运算的 Python 函数。

```
scipy.ndimage.morphology.grey_erosion(input, footprint)
必需参数:
input 必须是一个 ndarray 数组。
可选参数:
footprint 是一个结构元素,它是一个整数 ndarray 数组。
返回:
一个 ndarray 数组。
```

下面给出了用于灰度腐蚀的 Python 代码。

```python
import numpy as np
from PIL import Image
import scipy.ndimage


# 打开图像并将其转换为灰度图像
a = Image.open('../figures/sem3.png').convert('L')
# 创建结构元素
footprint = np.ones((15, 15))
# 执行灰度腐蚀
b = scipy.ndimage.morphology.grey_erosion(a, footprint = footprint)
# 将 ndarray 转换为图像
c = Image.fromarray(b)
# 保存图像
c.save('../figures/grey_erosion_output_15.png')
```

图 9.5(b) 和图 9.5(c) 分别使用 15×15 的结构元素和 25×25 的结构元素演示了对

图 9.5(a)执行的灰度腐蚀。灰度腐蚀会增加背景像素的数量。在图 9.5(a)中,前景有明亮的区域、小黑洞、细黑线和暗洞。在右上角有一个孔洞。使用 15×15 的结构元素进行灰度腐蚀之后,可以看到到该孔洞已缩小,而且前景像素不再强连接,并引入了明显的黑色水平线。使用 25×25 结构元素的灰度腐蚀进一步缩小了孔洞,前景像素也进一步被断开,黑色水平线更突出。

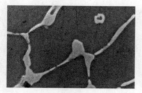 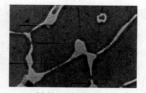 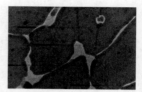

(a) 输入图像　　　　(b) 15×15结构元素腐蚀的输出图像　　(c) 25×25结构元素腐蚀的输出图像

图 9.5　灰度腐蚀示例

在灰度膨胀中,亮像素增加或增多,暗像素减少或缩小。可以在灰度亮度发生变化的区域中清楚地观察到膨胀效果。与二值膨胀类似,灰度膨胀会填充孔洞。

以下是用于灰度膨胀的 Python 函数。

```
scipy.ndimage.morphology.grey_dilation(input, footprint)
必需参数:
input 必须是一个 ndarray 数组。
可选参数:
footprint 是一个结构元素,它是一个整数 ndarray 数组。
返回:
一个 ndarray 数组。
```

下面给出了用于灰度膨胀的 Python 代码。

```python
import numpy as np
from PIL import Image
import scipy.ndimage


# 打开图像并将其转换为灰度图像
a = Image.open('../figures/sem3.png').convert('L')
# 创建结构元素
footprint = np.ones((15,15))
# 执行灰度膨胀
b = scipy.ndimage.morphology.grey_dilation(a, footprint = footprint)
# 将 ndarray 转换为图像
c = Image.fromarray(b)
# 保存图像
c.save('../figures/grey_dilation_output_15.png')
```

图 9.6(b)和图 9.6(c)分别使用 15×15 的结构元素和 25×25 的结构元素演示了对图 9.6(a)执行的灰度膨胀。灰度膨胀会增加前景像素的数量。在图 9.6(a)中,除了明亮的前景像素之外,还有小黑洞、细黑线和暗洞。右上角有一个孔洞。在使用 15×15 的结构元素进行灰度膨胀之后,该孔洞稍微增大,前景像素变粗,并且去除了一些黑线。在使用 25×25 的结

构元素进行灰度膨胀之后,右上角的孔洞进一步变大,前景像素也进一步变粗,线条消失了。

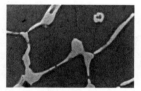 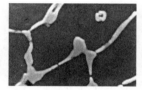 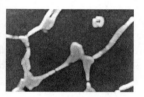

(a) 输入图像   (b) 15×15结构元素的输出图像 (c) 25×25结构元素的输出图像

图 9.6 灰度膨胀示例

9.6 开操作和闭操作

开操作与闭操作是复杂的形态学操作。它们是通过结合膨胀和腐蚀而获得的。可以在二值图像、灰度图像和彩色图像上执行开操作和闭操作。

开操作为对图像先进行腐蚀,后执行膨胀。具有结构元素 S 的图像 I 的开操作表示为

$$I \circ S = (I \ominus S) \oplus S \tag{9.1}$$

闭操作为对图像先进行膨胀,后执行腐蚀。具有结构元素 S 的图像 I 的开操作表示为

$$I \cdot S = (I \oplus S) \ominus S \tag{9.2}$$

以下是用于开操作的 Python 函数。

scipy. ndimage. morphology. binary_opening (input, structure = None, iterations = 1, output = None, origin = 0)
必需参数:
input 是数组。
可选参数:
structure 为用于膨胀运算的结构元素。如果未提供 structure,则 Scipy 假定其为值为 1 的方块结构元素。数据类型为 ndarray。
iterations 是执行开操作的次数(先腐蚀运算后膨胀),默认值为 1。如果该值小于 1,则重复该过程直到结果没有变化。数据类型是整数或浮点数。
origin 确定结构元素的原点。默认值 0 对应原点(参考像素)位于中心的结构元素。数据应是一维结构元素的 int 或多维的 int 元组。元组中的每个值对应结构元素中的不同维度。
返回:
输出为 ndarray 数组。

下面给出了使用 5 次迭代进行二值开操作的 Python 代码。

```python
from PIL import Image
import scipy.ndimage as snd
import numpy as np
import cv2

# 打开图像并将其转换为灰度图像
a = Image.open('../figures/dil_image.png').convert('L')
a = np.array(a)
```

```
# 定义结构元素
s = [[0,1,0],[1,1,1], [0,1,0]]
# 执行 5 次迭代的二值开操作
b = snd.morphology.binary_opening(a, structure = s, iterations = 5)
# 将图像保存为 8 位、布尔类型的二值图像 b
cv2.imwrite('../figures/opening_binary.png', b * 255)
```

图 9.7(a)是输入图像。图 9.7(b)是经过 5 次迭代的二值开操作的输出图像。二值开操作改变了前景对象的边界。对象内部小黑洞的大小也改变了。

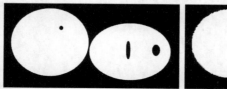 

(a) 开操作的输入图像　　　　　(b) 开操作后的输出图像

图 9.7　5 次迭代的二值开操作示例

下面给出了用于二值闭操作的 Python 函数。二值闭操作参数与二值开操作参数相同。

scipy. ndimage. morphology. binary_closing(input, structure = None, iterations = 1, output = None, origin = 0)

下面给出了闭运算的 Python 代码,图 9.8 为示例。如图 9.8(b)所示,闭操作填充了孔洞。

```
from PIL import Image
import scipy.ndimage as snd
import numpy as np
import cv2


# 打开图像并将其转换为灰度图像
a = Image.open('../figures/dil_image.png').convert('L')
a = np.array(a)
# 定义结构元素
s = [[0,1,0],[1,1,1], [0,1,0]]
# 执行 5 次迭代的二值闭运算
b = snd.morphology.binary_closing(a, structure = s, iterations = 5)
# 将图像保存为 8 位、布尔类型的二值图像 b
cv2.imwrite('../figures/closing_binary.png', b * 255)
```

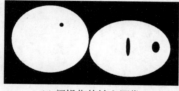 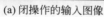 

(a) 闭操作的输入图像　　　　　(b) 闭操作后的输出图像

图 9.8　5 次迭代二值操作的示例

可以观察到,在开操作之后,输入图像中的黑洞变长了,而闭操作则填充了黑洞。

9.7 灰度开操作和灰度闭操作

灰度开操作和灰度闭操作与它们对应的二值操作类似。

开操作为先执行腐蚀后进行膨胀。

以下是灰度开操作的 Python 函数。

```
scipy.ndimage.morphology.grey_opening(input, footprint)
必需参数:
input 必须是一个 ndarray 数组。
可选参数:
footprint 是一个结构元素,一个整数 ndarray 数组。
返回:
一个 ndarray 数组。
```

下面给出灰度开操作的 Python 代码。

```
import numpy as np
from PIL import Image
import scipy.ndimage

# 打开图像并将其转换为灰度图像
a = Image.open('../figures/adaptive_example1.png'). convert('L')
# 定义结构元素
footprint = np.ones((40,40))
# 执行灰度开操作
b = scipy.ndimage.morphology.grey_opening(a, footprint = footprint)
# 将 ndarray 转换为图像
c = Image.fromarray(b)
# 保存图像
c.save('../figures/grey_opening_output_40.png')
```

图 9.9(a)是将用于灰度开操作的输入图像。用 40×40 的结构元素执行灰度开操作后,得到图 9.9(b)。注意,开操作能够检测到输入图像中的文本区域。

(a) 灰度开操作的输入图像　　(b) 40×40结构元素的输出图像

图 9.9　灰度开操作示例

闭操作为先执行膨胀后进行腐蚀。

以下是灰度闭操作的 Python 函数。

```
scipy.ndimage.morphology.grey_closing(input, footprint)
必需参数：
input 必须是一个 ndarray 数组。
可选参数：
footprint 是一个结构元素，它是一个整数 ndarray 数组。
返回：
一个 ndarray 数组。
```

下面给出灰度闭操作的 Python 代码。

```python
import numpy as np
from PIL import Image
import scipy.ndimage


# 打开图像并将其转换为灰度图像
a = Image.open('../figures/adaptive_example1.png').convert('L')
a = np.asarray(a)
# 创建结构元素
fp = np.ones((40,40))
# 执行灰度闭操作
bg = scipy.ndimage.morphology.grey_closing(a, footprint = fp)
# bg 表示背景图像
# a 减 bg 来移除 a 中的背景
bg_free = (a.astype(np.float64) - bg.astype(np.float64))
# 将 bg_free 调整为 0～255
denom = (bg_free.max() - bg_free.min())
bg_free_norm = (bg_free - bg_free.min()) * 255/denom
# 将 bg_free_norm 转换为 uint8
bg_free_norm = bg_free_norm.astype(np.uint8)
# 将 bg_free_norm 和 bg 转换为图像
bg_free_norm = Image.fromarray(bg_free_norm)
bg = Image.fromarray(bg)
# 保存背景图像
bg.save('../figures/grey_closing_out_40.png')
# 保存 bg_free_norm 图像
bg_free_norm.save('../figures/closing_bgfree.png')
```

图 9.10(a)是用于灰度闭操作的输入图像。图 9.10(b)是使用 40×40 结构元素进行灰度闭操作后获得的图像，即原始图像的背景。从原始图像中减去背景图像后，得到图 9.10(c)。注意，相减后的背景是均匀的。使用灰度闭操作实现了背景减法。

(a) 用于灰度闭操作的输入图像　(b) 40×40 结构元素的输出图像　(c) (a)与(b)图的差

图 9.10　灰度闭操作示例

9.8　击中或击不中

击中或击不中是一种形态学操作，它用于查找图像中的特定图案。击中或击不中用于查找边界或角点像素，也用于细化和粗化操作，这将在 9.9 节讨论。与前面讨论的方法不同，此方法使用多个结构元素及其所有变体来确定满足特定图案的像素。

给定一个以原点为中心的 3×3 结构元素，如图 9.11 所示。该结构元素用于击中或击不中变换以确定角点像素。结构元素中的空白可以用 1 或 0 填充。

	1	
0	1	1
0	0	0

图 9.11　击中或击不中结构元素

由于我们想找到角点像素，因此必须考虑图 9.11 中结构元素的 4 个变体，如图 9.12 所示。将结构元素的原点应用于图像中的所有像素，并比较底层像素值。结构元素不能应用于图像的边缘。因此，假设图像的边缘在输出中为 0。

	1	
0	1	1
	0	

	1	
1	1	0
	0	0

0	0	
0	1	1
	1	

	0	0
1	1	0
	1	

图 9.12　用于查找角点所有结构元素的变体

在确定每个结构元素的角点像素的位置后，通过对所有输出图像执行或操作以获取最终输出。

图 9.13(a)为二值输入图像。使用图 9.12 中的结构元素对该图像执行击中或击不中变换后，得到图 9.13(b)中的图像。注意，图 9.13(b)中的像素是边界像素的子集。

0	0	0	0	0	0	0	0	0	0	0
0	0	0	1	0	1	0	0	0	0	0
0	0	1	1	0	1	0	0	0	0	0
0	0	1	1	1	1	1	0	0	0	0
0	0	1	1	1	1	1	0	0	0	0
0	0	1	0	0	0	1	1	0	0	0
0	0	1	0	0	0	1	1	0	0	0
0	0	1	1	1	1	1	0	0	0	0
0	0	1	1	1	1	0	0	0	0	0
0	0	0	0	0	0	0	0	0	0	0
0	0	0	0	0	0	0	0	0	0	0

(a) 击中或击不中变换的输入图像

0	0	0	0	0	0	0	0	0	0	0
0	0	0	0	0	0	0	0	0	0	0
0	0	1	0	0	0	0	0	0	0	0
0	0	0	0	0	0	1	0	0	0	0
0	0	0	0	0	0	1	0	0	0	0
0	0	0	0	0	0	0	1	0	0	0
0	0	0	0	0	0	0	1	0	0	0
0	0	0	0	0	0	1	0	0	0	0
0	0	1	0	0	0	0	0	0	0	0
0	0	0	0	0	0	0	0	0	0	0
0	0	0	0	0	0	0	0	0	0	0

(b) 击中或击不中变换后的输出图像

图 9.13　击中或击不中变换的示例

以下是击中或击不中变换的 Python 函数。

```
scipy.ndimage.morphology.binary_hit_or_miss(input, structure1 = None, structure2 = None,
output = None, origin1 = 0, origin2 = None)
必需参数:
input 为一个二值数组。
可选参数:
structure1 是用于拟合图像前景的结构元素。如果未提供结构元素,则 Scipy 将假定其为值为 1 的
方块结构元素。
```

structure2 是用于未命中图像前景的结构元素。如果未提供结构元素,则 SciPy 将考虑 structure1 中提供的结构元素作为补充。

origin1 确定结构元素 structure1 的原点.默认值 0 对应原点(参考像素)位于中心的结构元素。数据应是一维结构元素的 int 或多维的 int 元组。元组中的每个值对应结构元素中的不同维度。

origin2 确定结构元素结构 structure2 的原点。默认值 0 对应原点(参考像素)位于中心的结构元素。数据应是一维结构元素的 int 或多维的 int 元组。元组中的每个值对应结构元素中的不同维度。

返回:

输出为 ndarray 数组。

下面给出击中或击不中变换的 Python 代码。

```python
from PIL import Image
import numpy as np
import scipy.ndimage as snd
import cv2

# 打开图像并将其转换为灰度图像
a = Image.open('../figures/thickening_input.png').convert('L')
a = np.array(a)
# 定义结构元素
structure1 = np.array([[1, 1, 0], [1, 1, 1],[1, 1, 1]])
# 执行二值击中或击不中
b = snd.morphology.binary_hit_or_miss(a, structure1 = structure1)
# 将图像保存为 8 位、布尔类型的二值图像 b
cv2.imwrite('../figures/hitormiss_output2.png', b * 255)
```

在上面的程序中,创建了结构元素 structure1,列出了其所有元素,并使用在击中或击不中变换中。图 9.14(a)是击中或击不中变换的输入图像,而相应的输出在图 9.14(b)中。注意,通过击中或击不中变换只能识别输入图像中每个对象的几个边界像素。在击中或击不中变换中要正确地选择结构元素,因为不同的元素对输出的影响不同。

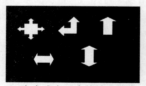

(a) 击中或击不中的输入图像　　　(b) 击中或击不中的输出图像

图 9.14　在二值图像上进行击中或击不中变换的示例

9.9　粗化与细化

粗化和细化变换是击中或击不中变换的扩展,只能应用于二值图像。

粗化用于增加二值图像中的前景像素,类似于膨胀。在此变换中,将背景像素添加到前景像素,以使选定区域增长或扩展-粗化。它可以根据击中或击不中变换来表示。式(9.3)使用结构元素 S 粗化图像 I,其中 H 是使用 S 对图像 I 执行的击中或击不中的变换。

$$\text{Thickening}(I) = I \bigcup H \tag{9.3}$$

在粗化变换中,结构元素的原点必须为 0 或空。它被应用于图像中的每个像素(图像边缘除外)。将结构元素中的像素值与图像中对应位置的像素进行比较。如果结构元素中的所有值都与图像中的像素值匹配,则原点下方图像中对应位置的像素将设置为 1(前景)。在所有其他情况下,它保持不变。简而言之,粗化的输出由原始图像和击中或击不中变换识别出的前景像素组成。

细化与粗化相反。细化用于从图像中删除选定的前景像素。它与腐蚀或开操作类似,因为它将导致前景像素减少。细化也可以用击中或击不中变换来表示。式(9.4)使用结构元素 S 细化图像 I,其中 H 是使用 S 时图像 I 执行的击中或击不中变换。

$$\text{Thinning}(I) = I - H \tag{9.4}$$

在细化中,结构元素的原点必须为 1 或空。它被应用于图像中的每个像素(图像边缘除外)。将结构元素中的像素值与图像中对应位置的像素进行比较。如果结构元素中的所有值都与图像中的像素值匹配,则原点下方图像中对应位置的像素将设置为 0(背景)。在所有其他情况下,它保持不变。

粗化和细化操作都可以重复应用。

多次执行细化只保留连接像素的过程称为骨架化。这是一种腐蚀操作的形式,大部分前景像素被移除,仅保留具有连通性的像素。顾名思义,此方法可用于定义图像中对象的骨架。

以下是用于骨架化的 Python 函数。

```
skimage.morphology.skeletonize(image)
必需参数:
image 可以是二值或布尔类型的 ndarray 数组。如果 image 是二值图像,则前景像素用 1 表示,背景像素用 0 表示。如果 image 是布尔值,则 true 表示前景,而 false 表示背景。
返回:
输出为包含骨架的 ndarray 数组。
```

下面给出骨架化的 Python 代码。

```python
import numpy as np
from PIL import Image
from skimage.morphology import skeletonize
import cv2

# 打开图像并将其转换为灰度图像
a = Image.open('../figures//steps1.png').convert('L')
# 将 a 转换为 ndarray 并对其进行标准化
a = np.asarray(a)/np.max(a)
# 执行骨架化
b = skeletonize(a)
# 将图像保存为 8 位、布尔类型的二值图像 b
cv2.imwrite('../figures/skeleton_output.png', b * 255)
```

图 9.15(a)是骨架化的输入图像,图 9.15(b)是输出图像。注意,前景像素缩小,只有具有连通性的像素才能在骨架化过程中保留下来。骨架化的主要用途之一是测量物体的长

度。将前景像素缩小到一个像素宽度后,对象的长度约为骨架化后的像素数量。

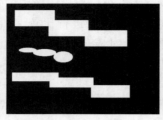 

(a) 骨架化的输入图像　　　　　　　(b) 骨架化后的输出图像

图 9.15　骨架化示例

9.10　总结

(1) 结构元素对于大多数二值操作很重要。

(2) 二值或灰度的膨胀、闭操作和粗化会增加前景像素的数量,因此会闭合物体中的孔洞并聚集附近的像素。具体的效果取决于结构元素。闭操作可以保留物体的大小,而膨胀不能保留。

(3) 二值或灰度的腐蚀、开操作和细化减少前景像素的数量,因此增大了物体中的孔洞,还分离了附近的像素。具体的效果取决于结构元素。开操作可以保留物体的大小,而腐蚀不能保留。

(4) 击中或击不中变换用于确定图像中的特定图案。

(5) 骨架化是一种细化,其中仅保留连接的像素。

9.11　练习

(1) 对图 9.2(a)执行骨架化处理。

(2) 证明图像先腐蚀后膨胀与先膨胀后腐蚀的不同之处。

(3) 想象一张图像包含两个相邻的单元格,其中有多个像素重叠。请问使用哪种形态学可以分离它们?

(4) 若您被聘为图像处理顾问,要求设计一台新的结账机。给定包含一种蔬菜的图像,需要以编程方式确定每种蔬菜的长度。假设将蔬菜一个接一个地放置,需要哪种形态学?

第 10 章
图像测量

10.1　简介

到目前为止,已经介绍了分割图像以获取具有相似特征的区域的方法。下一步是了解这些区域的形状、大小和几何特征。

图像中的区域可以是圆形的,如硬币或者建筑物的边缘。在某些情况下,区域可能不是简单的几何形状,如圆、线等。因此,半径、斜率等不足以描述区域。描述区域形状需要一系列属性,如面积、边界框、中心矩、质心、偏心率、欧拉数等。

本章首先介绍对每个区域进行编号的 label 函数,以便使用 regionprops 函数获得特征;然后介绍用于描述线和圆的霍夫变换;接着将介绍使用模板匹配计算区域或对象的方法;最后介绍 FAST 和 Harris 角点检测器。

10.2　标记

标记用于识别图像中的不同物体。在进行标记之前,必须对图像进行分割。在被标记的图像中,给定物体中的所有像素都具有相同的值。例如,如果一张图像包括 4 个物体,则在被标记图像中,第 1 个物体中的所有像素的值均为 1,以此类推。

下面给出了用于标记的 Python 函数。

> skimage.morphology.label(image)
> 必需参数:
> image 是一个 ndarray 数组型的分割图像。
> 返回:
> 输出 ndarray 数组型的被标记图像。

获取区域几何特征的 Python 函数为 regionprops。被标记图像用作此函数的输入。regionprops 函数的参数如下所示。完整列表可在[Si20]中找到。

> skimage.measure.regionprops (label_image)
> 必需参数:

> label_image 是一个 ndarray 数组型的被标记图像。
> 返回：
> RegionProperties 的列表。
> 令 rprops 为区域属性的列表。
> rprops[0].area 将返回第一个区域 rprops[0]的面积。
> rprops[0].bbox 将返回 rprops[0]的边界框。

下面是使用 regionprops 函数获取不同区域属性的 Python 代码。读取输入图像并使用 Otsu 方法对其进行阈值化。使用 label 函数标记各种物体。在此过程结束时，给定物体中的所有像素都具有相同的像素值。然后将被标记的图像作为 regionprops 函数的输入，regionprops 函数计算这些区域中每个区域的面积、质心和边界框。最后，使用循环遍历 regionprops 函数输出中的每个区域。使用 Matplotlib 函数标记每个区域的质心和边界框。

```python
import numpy
import cv2
from PIL import Image
import matplotlib.pyplot as plt
import matplotlib.patches as mpatches
from skimage.morphology import label
from skimage.measure import regionprops
from skimage.filters.thresholding import threshold_otsu


# 打开图像并将其转换为灰度图像
a = Image.open('../Figures/objects.png').convert('L')
# a 被转换成一个 ndarray
a = numpy.asarray(a)
# 阈值由 Otsu 方法确定
thresh = threshold_otsu(a)
# 保留大于阈值的像素亮度
b = a > thresh
# 在 b 上执行标记操作
c = label(b)
# 将 c 保存为 label_output.png
cv2.imwrite('../Figures/label_output.png', c)
# 在被标记的图像 c 上，执行 regionprops
d = regionprops(c)
# 以下命令创建一个大小为 6×6 英寸的空图
fig, ax = plt.subplots(ncols = 1, nrows = 1, figsize = (6, 6))
# 使用调色板在该图上绘制标记图像
ax.imshow(c, cmap = 'YlOrRd')
for i in d:
    # 打印质心的 x 值和 y 值，其中 centroid[1]是 x 值，centroid[0]是 y 值。
    print(i.centroid[1], i.centroid[0])
    # 在质心处绘制一个红色圆圈，ro 代表红色
    plt.plot(i.centroid[1], i.centroid[0], 'ro')
    # 在边界框中，(lr, lc) 是左下角的坐标，(ur, uc) 是右上角的坐标。
    lr, lc, ur, uc = i.bbox
    # 计算边界框的宽度和高度
    rec_width = uc - lc
```

```
    rec_height = ur - lr
    # 绘制原点为 (lr,lc) 的矩形框。
    rect = mpatches.Rectangle((lc, lr), rec_width, rec_height, fill = False, edgecolor =
'black', linewidth = 2)
    # 将矩形框添加到绘图中
    ax.add_patch(rect)
# 保存图片
plt.savefig('../Figures/regionprops_output.png')
plt.show()
```

图 10.1(a)是 regionprops 函数的输入图像,图 10.1(b)是其输出图像。输出图像用不同的颜色标记,并被包含在使用 regionprops 获取的边界框中。

 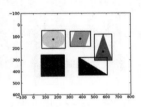

(a) regionprops函数的输入图像　　(b) 带有边界框和质心的被标记输出图像

图 10.1　regionprops 示例

10.3　霍夫变换

第 4 章中介绍了图像边缘的检测,但仍不能描述某些特征,如直线的斜率和截距或圆的半径。这些特征可以用霍夫变换来计算。

10.3.1　霍夫线

直线的一般形式为 $y = mx + b$,其中 m 是直线的斜率,b 是 y 轴的截距。但是在垂直线的情况下,m 是未定义的或无穷大的,因此累加器平面(下面讨论)无限长,无法在计算机中进行编程。我们使用极坐标(对所有斜率和截距都是有限的)来表示一条线。

直线的极坐标形式(也称为标准形式)为

$$x \cos\theta + y \sin\theta = r \tag{10.1}$$

其中 r 是正的,它是原点与直线之间的垂直距离,θ 是直线的斜率,范围为 $[0, 180]$。(x, y)平面(也称为笛卡儿平面)中的每个点都可以变换到 (r, θ) 平面(称为累加器平面),它是一个具有 r 和 θ 两个坐标的二维矩阵。

以分割图像作为霍夫线变换的输入,为了表示直线,生成具有 r 和 θ 的二维累加器平面。对于特定的 (r, θ) 和图像中的每个 x 值,使用式(10.1)计算对应的 y 值。对于作为前景像素的每个 y 值(y 值位于直线上),将值 1 添加到累加器平面中的特定的 (r, θ)。对 (r, θ) 的所有值重复此过程。合成的累加器平面在对应直线的位置具有高亮度值。对应局部

峰值的 (r, θ) 将给出原始图像中直线的斜率与截距。

如果输入图像的大小为 $N \times N$,值为 r 的数量为 M,θ 中的点数为 K,则累加器阵列的计算时间为 $O(KMN^2)$。因此,霍夫线变换是一个计算密集的过程。如果 θ 的范围是 $[0, 180]$ 且步长为 1,则沿 θ 轴的 K 为 180。如果 θ 的范围是先验已知的并且小于 $[0, 180]$,则 K 将更小,因此可以使计算更快。类似地,如果可以减少 M 或 N,也可以减少计算时间。

霍夫线变换的 cv2 函数如下所示。

```
cv2.HoughLines(image, rho, theta, threshold)
必需参数:
image 应为二值图像。
rho 是累加器矩阵中以像素为单位的距离分辨率。
theta 是以像素为单位的角度分辨率。
threshold 是用于检测累加器矩阵中线的最小值。
返回:
输出是一个向量,带有检测到的线的距离和角度。
```

用于霍夫线变换的 cv2 代码如下所示。

```python
import cv2
import numpy as np
# 打开图像
im = cv2.imread('../Figures/hlines.png')
# 将图像转换为灰度图像
a1 = cv2.cvtColor(im, cv2.COLOR_BGR2GRAY)
# 对图像进行阈值化处理以获得前景像素
thresh, b1 = cv2.threshold(a1, 0, 255, cv2.THRESH_BINARY_INV + cv2.THRESH_OTSU)
cv2.imwrite('../Figures/hlines_thresh.png', b1)
# 执行霍夫线变换
lines = cv2.HoughLines(b1, 10, np.pi/20, 200)
for rho, theta in lines[0]:
    a = np.cos(theta)
    b = np.sin(theta)
    x0 = a * rho
    y0 = b * rho
    x1 = int(x0 + 1000 * (-b))
    y1 = int(y0 + 1000 * (a))
    x2 = int(x0 - 1000 * (-b))
    y2 = int(y0 - 1000 * (a))
    cv2.line(im,(x1,y1),(x2,y2),(0,0,255),2)
cv2.imwrite('../Figures/houghlines_output.png', im)
# 打印直线
print(lines)
```

将输入图像(图 10.2(a))转换为灰度图像。然后使用 Otsu 方法(图 10.2(b))对图像进行阈值化,以获得二值图像。在阈值图像上执行霍夫线变换,图 10.2(c)是霍夫线变换的输出,粗线是检测到的直线。

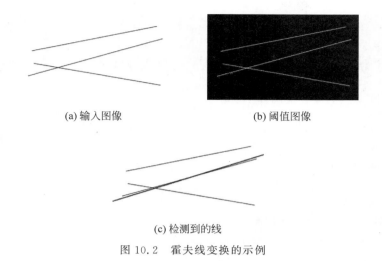

(a) 输入图像　　　　　　　　　(b) 阈值图像

(c) 检测到的线

图 10.2　霍夫线变换的示例

10.3.2　霍夫圆

圆的一般形式由 $(x-a)^2+(y-b)^2=R^2$，其中 (a,b) 是圆心，R 是圆的半径。该形式可改写为 $y=b\pm\sqrt{R^2-(x-a)^2}$，或如下的极坐标形式。

$$\begin{cases} x=a+R\cos\theta \\ y=b+R\sin\theta \end{cases} \tag{10.2}$$

θ 的范围是 $[0,360]$。

从式(10.2)可以看出，(x,y) 平面上的每个点都可以变换成一个 (a,b,R) 超平面或累加器平面。

为了表征圆的特征，生成具有 R、a 和 b 的三维累加器平面。对于特定的 (R,a,b) 和每个 θ 值，使用式(10.2)计算对应的 x 值和 y 值。对于作为前景像素的每个 x 值和 y 值（(x,y) 位于圆上），将值 1 添加到累加器平面中特定的 (R,a,b) 坐标中。对 (R,a,b) 的所有值重复此过程。合成的累加器超平面在对应圆的坐标点处具有高亮度值，对应局部峰值的 (R,a,b) 将提供原始图像中圆的参数。

下面是用于霍夫圆变换的 Python 函数。

cv2. HoughCircles (input, cv2. HOUGH _ GRADIENT, dp, min _ dist, param1, param2, minRadius, maxRadius);

必需参数：

input 是一个 ndarray 型的灰度图像。

cv2. HOUGH_GRADIENT 是 OpenCV 使用的方法。

dp 是分辨率的反比。如果 dp 是整数 n，则累加器的宽度和高度将为输入图像的 $1/n$。

min_dist 是函数在检测到的中心之间保持的最小距离。

param1 是霍夫函数内部的使用 Canny 边缘检测器的上限阈值。

param2 是中心检测的阈值。

可选参数：

min_radius 是需要检测的圆的最小半径,max_radius 是需要检测的圆的最大半径。

返回:

输出是一个 ndarray 数组,其中包含每个检测到的圆的圆心和半径的(x, y)值。

用于霍夫圆变换的 cv2 代码如下所示。

```python
import numpy as np
import scipy.ndimage
from PIL import Image
import cv2


# 打开图像并将其转换为灰度图像
a = Image.open('../Figures/withcontrast1.png')
a = a.convert('L')
# 对图像执行中值滤波器以去除噪声
img = scipy.ndimage.filters.median_filter(a, size = 5)
# 圆是使用霍夫圆变换确定的
circles = cv2.HoughCircles(img,cv2.HOUGH_GRADIENT, 1, 10, param1 = 100,
param2 = 30, minRadius = 10, maxRadius = 30)
# 将圆图像四舍五入为无符号整数 16 类型
circles = np.uint16(np.around(circles))
# 对于每个检测到的圆
for i in circles[0, :]:
# 为可视化,绘制一个外圆
    cv2.circle(img,(i[0],i[1]),i[2],(0,255,0),2)
# 标记其圆心
    cv2.circle(img,(i[0],i[1]),2,(0,0,255),3)
# 保存图像为 houghcircles_output.png
cv2.imwrite('../Figures/houghcircles_output.png', img)
```

图 10.3(a)的 CT 图像有两个亮白色圆形区域,这两个区域是造影剂填充的血管。本示例的目的是使用霍夫圆变换来表征血管大小。对图像进行中值滤波以去除噪声,滤波后的图像如图 10.3(b)所示。中值滤波器的核的大小是 5×5。通过指定最小半径 10 和最大半径 30 缩小搜索空间。cv2.HoughCircles 返回一个 ndarray 内部数组,分别包含中心 x、中心 y 和半径。霍夫圆变换的输出如图 10.3(c)所示。在 for 循环中,用黑圈标记检测到的圆,并对圆心也进行标记。

如果输入图像的大小为 $N \times N$,则 a 和 b 的值可能为 M,R 的值可能为 K,计算时间为 $O(Km^2 n^2)$。因此,与霍夫线变换相比,霍夫圆变换具有显著的计算密集性。如果要测试的半径范围较小,则 K 较小,因此可以更快地进行计算。如果圆的近似位置已知,则 a 和 b 的范围减小,因此 M 减小,可以更快地完成计算。感兴趣的读者可以参阅[IK88]、[IK87]、[LLM86]、[Sha96]和[XO93]了解更多关于霍夫变换的信息。

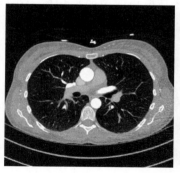

(a) 输入图像   (b) 应用中值滤波器后的图像

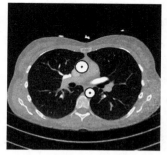

(c) 最小半径为10、最大半径为30的输出

图 10.3 霍夫圆变换的示例

10.4 模板匹配

模板匹配技术用于在图像中查找与给定模板匹配的对象。例如,模板匹配用于识别人群中的特定人员或交通中的特定车辆。它的工作原理是将人或物体的子图像与更大的图像进行比较。

模板匹配可以基于亮度或基于特征,下面将演示基于亮度的模板匹配。

在基于亮度的模板匹配中,使用了一种称为互相关的数学系数。设 $I(x,y)$ 为图像 I 在 (x,y) 处的像素亮度,则 $I(x,y)$ 和模板 $t(u,v)$ 之间的互相关系数 c 为

$$c(u,v) = \sum_{x,y} I(x,y) t(x-u, y-v) \tag{10.3}$$

互相关类似于卷积运算。由于 $c(u,v)$ 不依赖图像亮度的变化,因此使用 J. P. Lewis[Lew95] 提出的归一化互相关系数。归一化互相关系数为

$$r(u,v) = \frac{\sum\limits_{x,y} (I(x,y) - \overline{I})(t(x-u, y-v) - \overline{t})}{\sqrt{\sum\limits_{x,y} (I(x,y) - \overline{I})^2 \sum\limits_{x,y} (t(x-u, y-v) - \overline{t})^2}} \tag{10.4}$$

其中,$\bar{I}$ 是用于模板匹配的子图像的平均值,$\bar{t}$ 是模板图像的平均值。在模板与图像匹配处,归一化互相关系数接近 1。

下面是模板匹配的 Python 代码。

```python
import cv2
import numpy
from PIL import Image
from skimage.morphology import label
from skimage.measure import regionprops
from skimage.feature import match_template


# 打开图像并将其转换为灰度图像
image = Image.open('../Figures/airline_seating.png')
image = image.convert('L')
# 将输入图像转换为 ndarray
image = numpy.asarray(image)
# 读取模板图像
temp = Image.open('../Figures/template1.png')
temp = temp.convert('L')
# 将模板转换为 ndarray
temp = numpy.asarray(temp)
# 执行模板匹配
result = match_template(image, temp)
thresh = 0.7
# 考虑归一化互相关系数大于 0.7 的像素值,对模板匹配的结果进行阈值化处理
res = result > thresh
# 标记阈值化图像
c = label(res, background = 0)
# 使用 regionprops 计算标记的数量。
reprop = regionprops(c)
print("The number of seats are:", len(reprop))
# 将二值图像转换为 8 位图像以供存储
res = res * 255
# 将 ndarray 转换为图像
cv2.imwrite("../Figures/templatematching_output.png", res)
```

模板匹配结果如图 10.4 所示。图 10.4(a)是航空公司座位布局图,图 10.4(b)是模板图像。计算输入图像中的每个像素的归一化互相关系数 r。然后对包含归一化互相关系数的数组进行阈值化处理,选择阈值为 0.7。对阈值化阵列中的区域进行标记,并对标记的数组执行 regionprops 以获得与模板匹配且 $r>0.7$ 的区域数。图 10.4(c)是阈值化图像。在这个示例中,程序返回的座位数是 263。

(a) 输入图像

(b) 模板

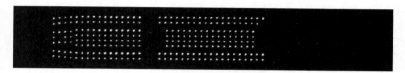

(c) 分割后的互相关图像

图 10.4 模板匹配示例

10.5 角点检测器

顾名思义,角点检测器用于检测角点,它通常是图像进一步处理的步骤之一。例如,在医学成像中,角点可以用作图像配准的输入,即将图像从一个坐标系转换为另一个坐标系的过程。感兴趣的读者可以参阅[Bir11]获取有关图像配准的更多信息。

本节将介绍两种角点检测器:FAST 角点检测器和 Harris 角点检测器。

10.5.1 FAST 角点检测器

顾名思义,FAST 角点检测器[RD06]的计算效率很高。它的工作原理如下。

(1)假定对图像中的像素 p 进行角点检测,并将其像素值设为 v。我们将用一个圆为相邻的 16 个像素进行角点检测。

(2)如果这 16 个像素中的 N 个像素比预先确定阈值的像素 p 更亮或更暗,则认为该点为角点。

(3)对所有像素重复此操作。

这种方法的计算复杂度与卷积类似,因此与其他角点检测器相比,它的速度较快。

在下面的代码中,读取图像并转换为 NumPy 数组。图像 img1 用于确定使用 corner_fast 函数的响应图像,然后通过 corner_peaks 函数找到角点。最后采用 corner_subpix 函数进行统计测试,确保所有检测到的角点都为角点。将检测到的角点叠加在图像上以进行可视化。

```
import numpy as np
from PIL import Image
from skimage.feature import corner_peaks
from skimage.feature import corner_subpix, corner_fast
from matplotlib import pyplot as plt
# 打开图像并将其转换为灰度图像
img = Image.open('../Figures/corner_detector.png').
convert('L')
# img 被转换为一个 ndarray
img1 = np.asarray(img)
corner_response = corner_fast(img1)
cpv = corner_peaks(corner_response, min_distance = 50)
corners_subpix_val = corner_subpix(img1, cpv, window_size = 13)
fig, ax = plt.subplots()
ax.imshow(img1, interpolation = 'nearest', cmap = plt.cm.gray)
x = corners_subpix_val[:, 1]
y = corners_subpix_val[:, 0]
ax.plot(x, y, 'ob', markersize = 10)
ax.axis('off')
plt.savefig('../Figures/corner_fast_detector_output.png', dpi = 300)
plt.show()
```

图 10.5(a)是电子显微镜样品的分割图像。在图 10.5(b)中,检测到的角点使用圆形点突出标记。从输出中可以看出,FAST 角点检测器发现了伪点,而下面将要讨论的 Harris 角点检测器产生的伪点较少。尽管存在此缺点,但在速度至关重要的情况下。FAST 角点检测器仍然很有用。例如,对于实时角点检测,FAST 角点检测器的性能优于 Harris 检测器。

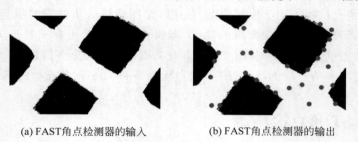

(a) FAST角点检测器的输入　　　　　(b) FAST角点检测器的输出

图 10.5　FAST 角点检测器示例

10.5.2　Harris 角点检测器

Harris 角点探测器[HS88] 的工作原理如下。

(1) 沿 x 轴和 y 轴的没有角点或边的图像的导数是均匀分布的。

(2) 没有角点但有垂直边缘的图像的导数沿垂直方向具有很强的方向偏向。

(3) 没有角点但有水平边缘的图像的导数沿水平方向具有很强的方向偏向。

(4) 带角点图像的导数在垂直和水平方向上都有很强的方向偏向。

通过寻找差异图像展开讨论,该差异图像是由一个给定的像素与其相邻像素之间的平方差之和形成的,定义如下:

$$D(u,v) = \sum (I(x+u,y+v) - I(x,y))^2 \qquad (10.5)$$

对于邻近像素值相似的图像，$D(u,v)$ 为 0。如果在 (x,y) 位置的像素附近的像素值发生显著变化，则 $D(u,v)$ 的值将会很大。Harris 角点检测器的目的是使 D 值最大化。

使用泰勒级数展开式简化式（10.5），并假设可以忽略二阶和其他较高阶的偏导数，则有

$$I(x+u,y+v) = I(x,y) + uI_x(x,y) + vI_y(x,y) \qquad (10.6)$$

其中 I_x 和 I_y 是 I 沿 x 轴和 y 轴的偏导数。

将式（10.6）代入式（10.5），有

$$D(u,v) = \sum u^2 I_x^2 + 2uv I_x I_y + v^2 I_y^2 \qquad (10.7)$$

可以用矩阵形式将上式改写为

$$D(u,v) = \sum (u \quad v) \begin{pmatrix} I_x^2 & I_x I_y \\ I_x I_y & I_y^2 \end{pmatrix} \begin{pmatrix} u \\ v \end{pmatrix} \qquad (10.8)$$

可以简写为

$$D(u,v) = (u \quad v) \left(\sum \begin{pmatrix} I_x^2 & I_x I_y \\ I_x I_y & I_y^2 \end{pmatrix} \right) \begin{pmatrix} u \\ v \end{pmatrix} \qquad (10.9)$$

再重写为

$$D(u,v) = (u \quad v) M \begin{pmatrix} u \\ v \end{pmatrix} \qquad (10.10)$$

Harris 角点响应函数为

$$R = det(M) - k(trace(M))^2 \qquad (10.11)$$

其中 det 是 M 的行列式，$trace$ 是沿 M 对角线的所有元素之和（即 M 的迹线），k 是一个常数，其值范围为 $0.04 \sim 0.06$。对于角点，R 是一个较大的值，而对于平坦区域，R 是一个较小的值。

在计算梯度 I_x 和 I_y 时，建议使用高斯滤波器对图像进行平滑处理以减少噪声。

在下面的代码中，读取图像并将其转换为 NumPy 数组。该图像用于确定使用 corner_harris 函数的响应图像，然后用 corner_peaks 函数寻找角点。最后采用 corner_subpix 函数进行统计测试，确保所有检测到的角点都是角点。

```python
import numpy as np
from PIL import Image
from matplotlib import pyplot as plt
from skimage.feature import corner_harris
from skimage.feature import corner_peaks, corner_subpix

# 打开图像并将其转换为灰度图像
img = Image.open('../Figures/corner_detector.png').convert('L')
# img 被转换为一个 ndarray
img1 = np.asarray(img)

# 使用 Harris 检测器检测角点
corner_response = corner_harris(img1, k = 0.2)
```

```
# 检测峰值
corners_peak_val = corner_peaks(corner_response, 50)

corners_subpix_val = corner_subpix(img1, corners_peak_val, 13)
# 定义子图
fig, ax = plt.subplots()
# 显示图像
ax.imshow(img1, interpolation = 'nearest', cmap = plt.cm.gray)
x = corners_subpix_val[:, 1]
y = corners_subpix_val[:, 0]
ax.plot(x, y, 'ob', markersize = 10)
ax.axis('off')
# 保存图像
plt.savefig('../Figures/corner_harris_detector_output.png',dpi = 300)
plt.show()
```

图 10.6(a)是电子显微镜样本的输入图像，在图 10.6(b)中，检测到的角点使用圆点进行突出标记。从输出中可以看出，Harris 角点检测器发现的伪点较少。

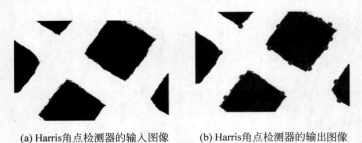

(a) Harris角点检测器的输入图像　　　　(b) Harris角点检测器的输出图像

图 10.6　Harris 角点检测器示例

10.6　总结

（1）标记用于识别图像中不同的物体。

（2）regionprops 函数有多个属性，它用于研究被标记图像中物体的不同属性。

（3）霍夫线变换检测直线，而霍夫圆变换检测圆。它们还确定了相应的参数：直线的斜率和截距、圆的圆心和直径。

（4）模板匹配用于对图像中的相似物体进行识别或计数。

（5）角点检测器用于寻找图像中的角点。它通常用在对图像进一步处理的预处理步骤中。FAST 角点检测器在计算速度上比 Harris 角点检测器快，但会出现较多的伪角点。

10.7　练习

（1）霍夫变换是一种求圆直径的方法，但求直径的过程很慢。给定图 10.3(a)中两条血管对应的像素，请给出一种确定圆的近似直径的方法。

（2）图 4.9(a)由多个字符组成,编写一个 Python 程序来分解此文本,并将各个字符存储为单独的图像。（提示：使用 regionprops 函数）

（3）考虑一张图像,其中有 100 个不同大小的硬币散布在统一的背景上。假设硬币彼此不接触,请编写伪代码确定每种尺寸的硬币的数量。还可以尝试编写一个 Python 程序完成此任务。（提示：需要使用 regionprops 函数）

（4）考虑一张图像,其中有 100 个不同大小的硬币散布在统一的背景上。假设硬币相互接触,请编写伪代码绘制硬币面积（沿 x 轴）与给定面积（沿 y 轴）的硬币数量的直方图。再尝试编写一个 Python 程序完成此任务。如果只有几个硬币重叠,请计算硬币的大致数量。

第 11 章
神经网络

11.1　简介

神经网络一直在研究、发展中。最初的研究是对生物神经元的行为进行数学建模。1958 年，Frank Rosenblat 基于神经元的数学概念制造了一台具有学习能力的机器。在接下来的 40 年中，神经网络的构建过程得到了进一步完善。1986 年，David E. Rumelhart、Geoffrey Hinton 和 Ronald J. Williams[RHW86] 的一篇论文中提出训练任意复杂网络的方法。这篇论文重新介绍反向传播算法，该算法是当今训练神经网络的主要算法。在过去的 20 年中，由于可获得廉价的存储和计算能力，人们构建了解决重大实际问题的大型网络，这使得神经网络及其"近亲"（如卷积神经网络、递归神经网络等）家喻户晓。

本章将从神经网络背后的数学知识开始介绍，包括正向传播和反向传播；然后介绍神经网络的可视化；最后讨论使用 Keras（一个用于机器学习和深度学习的 Python 模块）构建神经网络。

感兴趣的读者可参阅参考文献[Dom15]、[MTH]、[GBC16]和[Gro17]。

11.2　神经网络简介

神经网络是具有许多参数的非线性函数。最简单的曲线是直线，它有两个参数：斜率和截距。神经网络具有更多参数，通常为 10000 个或更多个，有时甚至数百万个。这些参数可以通过优化定义拟合优度的损失函数来确定。

11.3　数学建模

下面将通过拟合直线和平面开始讨论神经网络，之后将扩展到任意曲线。

11.3.1 正向传播

一条直线的方程定义为

$$y_1 = Wx + b \tag{11.1}$$

其中 x 是自变量，y_1 是因变量，W 是直线的斜率，b 是截距。在机器学习的世界中，W 被称为权重，b 为偏差。

如果自变量 x 是标量，则式（11.1）是一条直线，W 和 b 均为标量。但是，如果 $\boldsymbol{x}$ 是向量，则式（11.1）是平面，$\boldsymbol{W}$ 是矩阵，$\boldsymbol{b}$ 是向量。如果 $\boldsymbol{x}$ 非常大，则式（11.1）称为超平面。式（11.1）是一个线性方程式，使用它创建的最佳模型也是一个线性模型。

为了在神经网络中创建非线性模型，我们向该线性模型添加了非线性函数。下面将介绍一种称为 sigmoid 的非线性函数。实际上，还使用了其他非线性函数，如 tanh、修正线性单元（relu）和泄露 relu。

sigmoid 函数的公式为

$$y = \frac{1}{1 + e^{-x}} \tag{11.2}$$

当 x 值很大时，y 值渐近为 1，如图 11.1 所示。而对于较小的 x 值，y 值渐近为 0。在 x 轴上 $-1 \sim +1$ 的区域中，曲线是线性的，在其他地方都是非线性的。

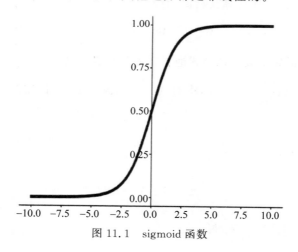

图 11.1　sigmoid 函数

如果将式（11.1）中的 y_1 传递给 sigmoid 函数，将获得一个新的 y_1，有

$$y_1 = \frac{1}{1 + e^{-W_1 x - b_1}} \tag{11.3}$$

其中 W_1 是第一层的权重，b_1 是第一层的偏差。式（11.3）中的 y_1 是一条非线性曲线。式（11.3）可以改写为

$$y_1 = \sigma(W_1 x + b_1) \tag{11.4}$$

在简单神经网络中，添加另一个网络层（即另一组 W 和 b），向其传递从式（11.4）获得的 y_1，有

$$y = W_2 y_1 + b_2 \tag{11.5}$$

其中 W_2 是第二层的权重，b_2 是第二层的偏差。

如果把式(11.4)代入式(11.5)，得

$$y = W_2 \sigma((W_1 x + b_1) + b_2) \tag{11.6}$$

可以通过添加更多的网络层重复这个过程以创建一条复杂的非线性曲线。但是为了清楚，这里将其限制为两层。

在式(11.6)中，有 4 个参数，即 W_1、b_1、W_2 和 b_2。如果 x 是向量，则 W_1 和 W_2 是矩阵，b_1 和 b_2 是向量。神经网络的目的是确定这些矩阵和向量的值。

11.3.2　反向传播

式(11.6)4 个参数的值可以使用反向传播过程来确定。在此过程中，首先假定参数的初始值，它们可以被赋值为 0，或者使用一些随机值。

然后，使用式(11.6)确定 y 的初始值，将该值表示为 $\hat{y}$。实际值 y 和预测值 $\hat{y}$ 不相等。因此，它们之间会出现误差，将这个误差称为损失，有

$$L = (\hat{y} - y)^2 \tag{11.7}$$

我们的目标是通过为式(11.6)的参数找到正确的值来最小化这种损失。

基于参数的当前值，迭代计算其新值，有

$$W_{new} = W_{old} - \varepsilon \frac{\partial L}{\partial W} \tag{11.8}$$

其中 W 是参数，L 是损失函数。该公式通常被称为更新公式。

为了简化偏导数 $\left(\text{如} \dfrac{\partial L}{\partial W}\right)$ 的计算，将对其分部求偏导数，并使用链式规则将它们组合在一起。

使用式(11.7)开始计算 $\dfrac{\partial L}{\partial \hat{y}}$，有

$$\frac{\partial L}{\partial \hat{y}} = 2 \times (\hat{y} - y) \tag{11.9}$$

然后使用链式规则计算 $\dfrac{\partial L}{\partial W_2}$，得

$$\frac{\partial L}{\partial W_2} = \frac{\partial L}{\partial \hat{y}} \times \frac{\partial \hat{y}}{\partial w_2} \tag{11.10}$$

如果代入式(11.5)中的 y 和式(11.9)中的 $\dfrac{\partial L}{\partial \hat{y}}$，得

$$\frac{\partial L}{\partial W_2} = 2 \times (\hat{y} - y) \times y_1 \tag{11.11}$$

然后，在更新公式的帮助下，利用 W_2 的现有值与偏导数来更新 W_2。b_2 也可以采用类似的计算方法，留给读者作为练习。

接下来计算 W_1 的新值，有

$$\frac{\partial L}{\partial W_1} = \frac{\partial L}{\partial \hat{y}} \frac{\partial \hat{y}}{\partial y_1} \times \frac{\partial y_1}{\partial W_1} \qquad (11.12)$$

可以分别使用式(11.4)、式(11.5)和式(11.9)来计算。因此,得

$$\frac{\partial L}{\partial W_1} = 2(\partial \hat{y} - y)(W_2)(\sigma(W_1 x + b_1)(1 - \sigma(W_1 x + b_1))x) \qquad (11.13)$$

该式可简化为:

$$\frac{\partial L}{\partial W_1} = 2x W_2(\partial \hat{y} - y)\sigma(W_1 x + b_1)(1 - \sigma(W_1 x + b_1)) \qquad (11.14)$$

使用更新公式计算 W_1 的新值。b_1 也可以采用类似的计算方法更新,留给读者作为练习。

对于每个输入数据点或批数据点,执行正向传播,确定损失,然后进行反向传播,使用更新公式更新参数(权重和偏差)。对所有可用的数据重复此过程。

总之,反向传播的过程是寻找神经网络系统参数的偏导数,并使用更新公式通过最小化损失函数来寻找更好的参数值。

11.4 图形表示

通常,神经网络如图 11.2 所示。左侧称为输入层,中间称为隐藏层,右侧称为输出层。

给定层中的一个节点(实心圆)连接下一层中的所有节点,但不连接自身层中的其他节点。在图 11.2 与图 11.3 中,仅绘制了从输入层到隐藏层中的第一个节点的连线。为清楚起见,省略了连接在其他节点的线。每个输入节点处的值与节点间连线上的权重相乘。然后,将加权后的输入在隐藏层的节点中相加,并传递给 sigmoid 函数或其他任意非线性函数。在下一层中对 sigmoid 函数的输出进行加权,这些权重的总和将作为输出层($\hat{y}$)的输出。

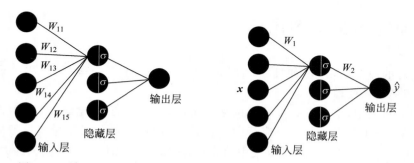

图 11.2 神经网络的图形表示   图 11.3 神经网络作为权重矩阵的图形表示

如果输入层有 n 个节点,隐藏层有 m 个节点,那么从输入层连接到隐藏层的边数将为 $n \times m$。这可以表示为一个大小为 (n,m) 的矩阵。上一段中描述的运算是输入 x 和矩阵之间的点积,随后应用式(11.4)中的 sigmoid 函数。这个矩阵就是之前描述的 W_1。

如果隐藏层有 m 个节点,输出层有 k 个节点,那么从隐藏层连接到输出层的边数将为

$m \times k$,这可以表示为一个大小为(m, k)的矩阵,也就是之前描述的矩阵 W_2。

在正向传播过程中,x 值用作输入,开始从输入层传播到输出层的计算。损失是通过比较预测值和实际值来计算的。然后,从输出层向输入层反向计算梯度,并通过反向传播更新参数(权重和偏差)。

在这个讨论中,假设 y 是一个连续函数,它的值是一个实数。这类问题称为回归问题。它的一个示例是基于图像预测商品的价格。

11.5　分类问题的神经网络

另一类问题是分类问题,其中因变量 y 取离散值。它的一个示例是在给定图像中识别特定类型的肺癌,主要有两种类型:小细胞肺癌(SCLC)和非小细胞肺癌(NSCLC)。

分类问题旨在两类点之间绘制边界,如图 11.4 所示。两类点是圆环和加号。因为无法在这两组点之间绘制误差最小的线性边界(如直线或平面),所以可以使用神经网络来绘制非线性边界。

交叉熵损失是分类问题中常见的损失函数之一。它被定义为

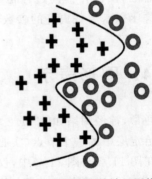

$$L = -\sum y \log \hat{y} \qquad (11.15)$$

其中 y 是实际值,$\hat{y}$ 是预测值。

由于该损失函数与回归问题中的损失函数不同,因此导数$\left(\dfrac{\partial L}{\partial W}\right)$产生的公式与回归问题推导出的公式不同,但推导,方法是一样的。

图 11.4　分类问题的神经网络在两类点之间绘制一条非线性边界

11.6　神经网络示例代码

当前流行的深度学习包(如 TensorFlow[ABC+16]、Kera[C+20]等)要求程序员定义正向传播,反向传播由包处理。

在下面的示例中,定义了一个神经网络以解决从 MNIST 数据集[LCB10]中识别手写数字的问题。MNIST 数据集是一个流行图像数据集,用作机器学习和深度学习应用的测试基准。图 11.5 显示了 MNIST 数据集中的几张有代表性的图像。每张图像的大小为 28 像素×28 像素,像素总数=28×28=784,包含一个手写数字。两个数字在两张不同的图像中可能看起来不同。任务是在给定图像本身的情况下识别图像中的数字。图像是输入,输出是 10 个类中的一个(0~9 的数字)。

首先,在 Keras 中导入所有必要的模块,尤其是 Sequential 模型和 Dense 层。Sequential 模型允许定义一组层。在数学讨论中,我们定义了两层。可以使用 Dense 类定义这些层。这些层的堆叠构成了一个 Sequential 层。

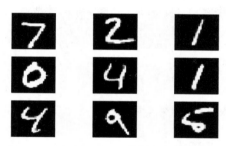

图 11.5　来自 MNIST 数据集的示例数据

使用 Keras 中提供的便捷功能（keras. datets. mnist. load data）加载 MNIST 数据集。这将同时加载训练数据和测试数据。训练数据集中的图像数量为 60000，测试数据集中的图像数量为 10000。每张图像都被存储为一个 8 位精度（即像素值介于 0～255）的 784 像素长的向量。每张图像的对应 y 值是单个数字，对应该图像中的数字。

然后，通过将每个像素值除以 255 并减 0.5 来归一化图像。因此，归一化图像的像素值将介于 −0.5～+0.5。

该模型是通过将 3 个 Dense 层传递给 Sequential 类构建的。第 1 层有 64 个节点，第 2 层有 64 个节点。前两层使用校正线性单元（ReLU）激活函数进行非线性处理。最后一层生成长度为 10 的向量。该向量通过 softmax 函数传递，见式（11.16）。softmax 函数的输出是一个概率分布，因为每个值都对应一个给定数字的概率，并且向量中所有值的和等于 1。一旦获得该向量，就可以通过在向量中找到概率值最高的位置来确定相应的数字。

$$s_i = \frac{e^{x_i}}{\sum\limits_i e^{x_i}} \tag{11.16}$$

调用 fit 函数优化模型。将模型运行 5 个周期，每个周期都定义为访问训练数据集中的所有图像。通常为了训练将提供批图像，而不是一次提供一张图像。在该示例中，使用 32 张图像，这意味着在每次训练中，将传递随机的 32 张图像和相应的标签。

```python
import numpy as np
from keras.models import Sequential
from keras.layers import Dense
from keras.utils import to_categorical
from keras.datasets import mnist

# 获取训练数据和测试数据
(x_train, y_train), (x_test, y_test) = mnist.load_data()

# 归一化图像,使所有像素值都为 - 0.5~ + 0.5
x_train = (x_train / 255) - 0.5
x_test = (x_test / 255) - 0.5

# 将训练图像和测试图像重塑为 784 长的向量
x_train = x_train.reshape((-1, 784))
x_test = x_test.reshape((-1, 784))
```

```
# 定义具有两个隐藏层的神经网络模型,每个隐藏层有 64 个节点
model = Sequential([
    Dense(64, activation = 'relu', input_shape = (784,)),
    Dense(64, activation = 'relu'),
    Dense(10, activation = 'softmax'),
    ])
# 使用 adam 优化器编译模型并使用交叉熵损失
model.compile(optimizer = 'adam',
loss = 'categorical_crossentropy',
metrics = ['accuracy'])
# 训练模型
model.fit(x_train, to_categorical(y_train), epochs = 5, batch_size = 32)
```

输出为 5 个周期的训练结果,如下所示。可以看出,交叉熵损失的值随着训练的进行而减小。从 0.3501 开始,最后以 0.0975 结束。同样地,随着训练的进行,准确率从 0.8946 提高到 0.9697。

```
Epoch 1/5
60000/60000 [ === ] − 3s 58us/step − loss: 0.3501 − accuracy:
0.8946
Epoch 2/5
60000/60000 [ === ] − 3s 56us/step − loss: 0.1790 − accuracy:
0.9457
Epoch 3/5
60000/60000 [ === ] − 3s 55us/step − loss: 0.1357 − accuracy:
0.9576
Epoch 4/5
60000/60000 [ === ] − 3s 55us/step − loss: 0.1129 − accuracy:
0.9649
Epoch 5/5
60000/60000 [ === ] − 3s 57us/step − loss: 0.0975 − accuracy:
0.9697
```

感兴趣的读者可以查阅 Keras 文档以了解更多信息。

11.7 总结

(1)神经网络是通用函数逼近器。在训练神经网络时,使用现有的数据拟合非线性曲线。

(2)为使神经网络中获得非线性,将线性函数与非线性函数(如 sigmoid、ReLU 等)结合。

(3)通过反向传播过程学习非线性曲线的参数。

(4)神经网络既可以用于回归问题,也可以用于分类问题。

11.8　练习

（1）给定一个神经元，执行 $y = x_1 \times w_1 + x_2 \times w_2$ 的加法运算，其中 x_1 和 x_2 是输入，w_1 和 w_2 是权重。写出它的反向传播方程，并给出 w_1 和 w_2 的更新公式。

（2）在神经网络中，将线性函数 $W_x + b$ 与非线性函数结合。将这些层堆叠在一起以产生一个任意的复杂非线性函数。如果不使用非线性函数，但仍堆叠层，会发生什么情况？能构建出什么样的曲线？

（3）讨论为什么 sigmoid 作为激活函数不再流行。

第 12 章
卷积神经网络

12.1　简介

卷积神经网络(CNN)是生物学启发的视觉数学模型,其发展历程从 David Hubel 和 Torsten Weisel 的研究开始,他们也因此获得了 1981 年诺贝尔生理学或医学奖。1981 年诺贝尔委员会的新闻稿[ppr20]最好地概括了 Hubel 和 Weisel 的工作。以下段落摘自新闻稿:

"……视觉皮层对来自视网膜的编码消息的分析,类似某些细胞读取消息中的简单字母并将其编译成音节,随后被其他细胞读取,后者又将这些音节编译成单词,最后这些信息又被其他细胞读取,它们将单词编译成句子,发送到大脑的高级中枢,在那里产生视觉印象并存储图像的记忆。"

Hubel 和 Wiesel 发现大脑有一系列神经元。离视网膜最近的神经元检测简单的形状,如不同方向的线条。旁边的神经元检测复杂的形状,如曲线。下游的神经元检测更复杂的形状,如鼻子、耳朵等。

对大脑视觉皮层的理解为视觉通路的数学建模铺平了道路。第一个成功的工作是由 Kunihiko Fukushima[Fuk80]完成的,他展示了使用卷积和下采样的分层模型。卷积允许在处理时只查看图像或视频的一部分,通过平均值进行下采样。多年后,引入了另一种称为"最大池化"的方法,该方法至今仍在使用。第二个重大突破是 Yann Lecun[LBD+89]的工作,他引入了一种反向传播方法来学习 CNN 的参数。

随着大量数据、更廉价的存储、计算能力和软件的支持,CNN 已成为解决科学和工程领域中图像处理和计算机视觉问题的首选工具。

12.2　卷积

第 4 章介绍了将卷积应用于图像的过程。本节将从 CNN 的角度介绍卷积。在第 4 章的示例中,使用 5×5 滤波器进行卷积,其中滤波器中的每个元素的值为 $\frac{1}{255}$。在 CNN 中,滤波器中的值由学习过程(即反向传播过程)确定。

此外,与第 4 章中的示例不同,在 CNN 中使用了多个滤波器。这些滤波器按层排列。第一层旨在检测简单的对象,如线条。由于线条有许多可能的配置(斜率),因此第一层可能有多个滤波器来检测所有方向的线。第二层旨在检测曲线。由于与直线相比,曲线的配置更多,因此第二层中的滤波器的数量通常比第一层中的滤波器数量更多。现代 CNN[①] 通常为两层以上。

12.3 最大池化

最大池化是降维技术,它接受如图像等的输入,并使用其相邻像素的最大值来减小其大小。用其邻域最大值替换像素值可以生成图像的抽象表示。下面进行演示。

给定一个大小为 4×4 的小图像,如图 12.1(a)所示。并考虑在图像左上角放置一个大小为 2×2 的最大池化滤波器。在最大池化过程中,将找到包含值 10、6、8 和 2 的 2×2 区域的最大值。使用最大值 10 创建一个新图像,如图 12.1(b)所示。然后,将该最大池化滤波器在图像上移动 2 步(称为步幅),并在图像上找到下一个由值 4、6、12 和 5 组成的区域。其最大值 12 为输出图像中的下一个像素。一旦完成一行的最大池化操作,将向下移动两行并继续此过程。

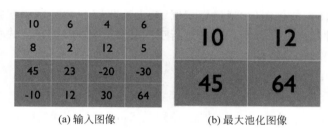

(a) 输入图像   (b) 最大池化图像

图 12.1 在子图像上应用最大池化示例

如果图像的大小为 $N \times N$,以 2×2 的步幅移动,则输出图像的大小为 $\frac{N}{2} \times \frac{N}{2}$。更高的步幅可以进一步缩小图像。

卷积层和最大池化层的输出最终会传递到分类器或回归器,该分类器或回归器通常使用第 11 章中的神经网络构建。这是因为卷积层和最大池化层是数据调节器,为最终的分类器或回归器准备数据。

12.4 LeNet 架构

我们将使用卷积层和最大池化层构建 LeNet[LBBH98],这是最早彻底改变计算机视觉领

---

① CNN 出现近 40 年。通过使用"现代"一词,将近年的 CNN 架构与过去 10 年区分。

域的 CNN 之一。如图 12.2 所示，输入图像被传递到第一层的 6 个卷积中。第一个卷积层的输出使用最大池化进行二次采样，然后传递到第二个卷积层，其中包含 16 个滤波器。第二个卷积层的输出将传递到第二个最大池化层，然后将该层的输出展平为向量，并传递给基于神经网络的分类器或回归器。

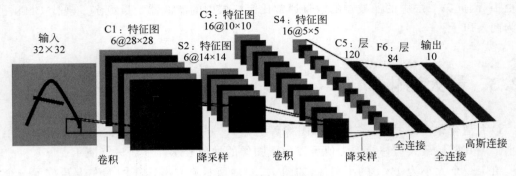

图 12.2　LeNet 体系结构

理想情况下，可以使用任意分类器，如支持向量机 SVM 或 Logistic 回归器。但是，最好使用第 11 章中介绍的神经网络。

第 11 章介绍了可以使用反向传播过程学习系统的参数。CNN 的参数（滤波器中的值）也是如此。

对于每个输入图像或批图像，通过卷积层、最大池化层和神经网络层执行正向传播，确定损失。然后，在神经网络层和卷积层中进行反向传播，并使用更新公式更新参数（权重和偏差）。对所有可用数据重复此过程。

在下面的示例中，定义一个 LeNet CNN，以解决从 MNIST 数据集中识别手写数字的问题。

首先从 Keras 中导入所有必要的功能，特别是 Sequential 模型、Dense 层、Conv2D 层和 MaxPooling2D 层。Sequential 模型允许定义一组层。顺序排列的层列表如图 12.3 所示。

第 1 层是输入 $28 \times 28 \times 1$ 图像的输入层。第 2 层是具有 32 个滤波器的卷积层。第 3 层是最大池化层，可将图像大小减小 $\frac{1}{2}$。第 4 层是第 2 个卷积层，具有 64 个滤波器。第 5 层是第 2 个最大池化层，可将图像大小减小 $\frac{1}{2}$。将第 2 个最大池化层的输出图像展平并通过两个神经网络层以产生输出预测。

在此示例中，使用大小为 $28 \times 28 \times 1$ 的图像。通过第 1 个卷积层后，将获得大小为 $28 \times 28 \times 32$ 的三维数据。第 1 个最大池化层将大小减小 $\frac{1}{2}$ 到 $14 \times 14 \times 32$。该数据传递至第 2 个卷积层，产生的大小为 $14 \times 14 \times 64$。第 2 个最大池化层将图像缩小为 $7 \times 7 \times 64$。展平向量的大小为 3136，它是 7、7 和 64 的乘积。

在以下代码中，使用 mnist.load_data() 方法加载训练数据集和测试数据集。x 值（图像像素）被归一化到范围 $[-0.5, 0.5]$，然后将它们从其原始形状 50000×784 重塑为 $50000 \times 28 \times 28 \times 1$。

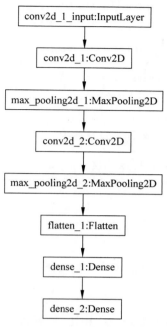

图 12.3 LeNet Keras 模型

创建一个 Sequential 模型并添加各个层。在所有层中,添加 RELU 非线性函数。最后一层通过 softmax 函数获得可以评估交叉熵损失的概率分布。最后,使用测试数据评估模型精度。

```python
import numpy as np
import keras
from keras.datasets import mnist
from keras.models import Sequential
from keras.layers import Dense, Flatten
from keras.layers import Conv2D, MaxPooling2D
from keras.utils import to_categorical

# 图像大小为 28 × 28 × 1
input_shape = (28, 28, 1)
batch_size = 64
# 可能的结果:数字 0～9
nclasses = 10
epochs = 3

# 获取训练数据和测试数据
(x_train, y_train), (x_test, y_test) = mnist.load_data()
# 归一化图像,使所有像素值在 - 0.5～ + 0.5
x_train = (x_train / 255) - 0.5
x_test = (x_test / 255) - 0.5

# 重塑训练和测试图像的大小为 28 × 28 × 1
x_train = x_train.reshape((x_train.shape[0], * input_shape))
x_test = x_test.reshape((x_test.shape[0], * input_shape))
```

```
# 定义具有两个卷积层和两个最大池化层的 CNN 模型,然后定义具有 1 个大小为 128 个节点的隐藏
# 层的神经网络。
model = Sequential()
model.add(Conv2D(32,kernel_size = (3, 3), activation = 'relu', input_shape = input_shape))
model.add(MaxPooling2D(pool_size = (2, 2)))
model.add(Conv2D(64, (3, 3), activation = 'relu'))
model.add(MaxPooling2D(pool_size = (2, 2)))
model.add(Flatten())
model.add(Dense(128, activation = 'relu'))
model.add(Dense(nclasses, activation = 'softmax'))

# 使用 adam 优化器编译模型并使用交叉熵损失
model.compile(optimizer = 'adam', loss = 'categorical_crossentropy', metrics = ['accuracy'])

# 训练模型
model.fit(x_train, to_categorical(y_train), epochs = epochs, batch_size = batch_size)
# 评估模型

score = model.evaluate(x_test, to_categorical(y_test), verbose = 0)
print('Test loss:', score[0])
print('Test accuracy:', score[1])
```

就 CNN 而言,与第 11 章中的神经网络相比,尽管每个周期花费了更长的时间,但在更少的周期中达到了较高的精度值。

```
Epoch 1/3
60000/60000 [ ==== ] － 33s 555us/step － loss: 0.1683 －
accuracy: 0.9504 Epoch 2/3
60000/60000 [ ==== ] － 27s 444us/step － loss: 0.0493 －
accuracy: 0.9847 Epoch 3/3
60000/60000 [ ==== ] － 48s 792us/step － loss: 0.0331 －
accuracy: 0.9898
Test loss: 0.03353308427521261
Test accuracy: 0.9894000291824341
```

12.5 总结

(1) CNN 最初是作为视觉数学模型开发的。因此,它非常适合解决计算机视觉问题。
(2) CNN 由卷积层和最大池化层组成,后跟分类器或回归器,是一种典型的神经网络。
(3) 使用反向传播过程学习卷积层的参数。

12.6 练习

(1) 增加神经网络中的卷积层数量会有什么影响?
(2) 修改上面的代码,并使用 https://github.com/zalandoresearch/fashion-mnist 上可用的 FashionMNIST 数据集运行它。该数据集还具有 10 个类别,如裤子、鞋子等。

第 3 部分

图 像 采 集

第 13 章
X 射线和计算机断层扫描

13.1　简介

到目前为止,已经介绍了 Python 的基础知识、Python 的科学模块和图像处理技术。本章开始学习图像采集的过程。我们将从 X 射线的生成和检测开始,并讨论 X 射线与物质相互作用的各种模式。这些相互作用和检测的方法产生了多种 X 射线成像模式,如血管造影、荧光透视等。最后介绍 CT、重建和伪影去除的基本知识。

13.2　历史

X 射线是德国物理学家 Wilhelm Conrad Röntgen 在进行阴极射线管实验时发现的。他称这些神秘的射线为 X 射线,X 在数学中表示未知变量。与可见光不同,这些射线能穿过大多数材料,并在照相底片上留下特征阴影。他的研究成果发表在 *On New Kind of Rays*[R95] 上,并于 1901 年获得首届诺贝尔物理学奖。

随后的 X 射线研究揭示了它们真实的物理性质。它们是一种电磁辐射的形式,类似光、无线电波等,其波长为 10~0.01nm。尽管已被人们熟知和研究,不再神秘,但它们仍被称为 X 射线。大多数 X 射线是用 X 射线管人造的,但它们也存在于自然界。X 射线天文学的分支通过测量发射的 X 射线来研究天体。

自 Röntgen 时代起,X 射线已广泛应用于放射学、地质学、晶体学、天文学等各个领域。在放射学领域中,X 射线用于荧光透视、血管造影、计算机断层扫描(CT)等。如今,许多非侵入性手术都是在 X 射线引导下进行的,为外科医生提供了新的"眼睛"。

13.3　X 射线的生成

X 射线成像系统由产生稳定可靠 X 射线输出的发生器、X 射线穿过的物体(通常是患者)和测量穿过物体后射线强度的 X 射线检测器组成。首先讨论使用 X 射线管产生 X 射线的过程。

13.3.1　X 射线管结构

X 射线管由 4 个主要部分组成,它们是阳极、阴极、钨靶和将这 3 个部分固定在一起的真空管,如图 13.1 所示。

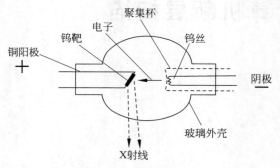

图 13.1　X 射线管的组成

阴极(负极)产生的电子(带负电)向阳极(正极)加速。阴极中的灯丝通过电流加热,并通过热电子发射过程产生电子,将该电子定义为通过吸收热能发射的电子。产生的电子数量与通过灯丝的电流成比例。该电流通常被称为"管电流",以 mA 或毫安为单位进行测量。

由于 X 射线管的内部很热,因此选择高熔点的金属(如钨)作为灯丝。钨是一种可延展材料,非常适合制作细灯丝。产生的电子由聚焦杯聚焦,聚焦杯保持与阴极相同的负电势。产生 X 射线的玻璃外壳是真空的,因此电子不会与其他分子发生相互作用,还可以独立且精确地进行控制。聚焦杯保持在很高的电势,以加速灯丝产生的电子。

阳极受到快速移动的电子的轰击。阳极通常由铜制成,从而可以适当地消散电子轰击产生的热量。钨靶固定在阳极上。快速移动的电子要么从钨靶的内壳中击出电子,要么由于钨核而减慢速度。前者产生特征 X 射线光谱,后者产生一般光谱或轫致辐射光谱。这两个光谱共同决定了 X 射线中的能量分布,将在 13.3.2 节中详细讨论。

阴极是固定的,阳极可以是固定的或旋转的。旋转的阳极使热量均匀分布,从而延长 X 射线管的使用寿命。

有三个参数可以控制 X 射线的质量和数量。这些参数有时被称为 X 射线技术,它们分别是:

(1) 管电压,以 kVp 为单位。

(2) 管电流,以 mA 为单位。

(3) X 射线曝光时间,以 ms 为单位。

另外,在光束的路径中放置了一个滤光片(如一块铝片),以便吸收较低能量的 X 射线。13.4 节将对此进行讨论。

管电压是阴极和阳极之间的电势。电压越高,阴极和阳极之间的电子的速度就越快。增加的速度会产生高能 X 射线,而较低的电压会产生较低能量的 X 射线,从而产生噪声较大的图像。管电流决定发射电子的数量,从而决定了 X 射线的数量。曝光时间决定了物体或患者暴露于 X 射线的时间,通常也是 X 射线管工作的时间。

13.3.2　X 射线的生成过程

电子管产生的 X 射线不包含单一能量的光子,它由大范围的能量组成。测量每个能级的光子相对数量以生成直方图,该直方图被称为光谱分布或光谱。X 射线光谱有两种类型[CDM84b]。它们是常规辐射光谱或韧致辐射"制动"光谱,即一个连续辐射的特征光谱,或一个离散实体,如图 13.2 所示。

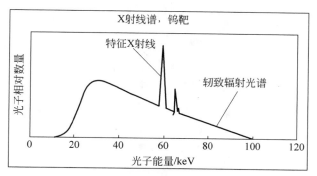

图 13.2　X 射线光谱说明特征辐射和韧致辐射

当阴极产生的快速移动的电子非常接近钨核时,如图 13.3 所示,电子减速并且损失的能量以辐射的形式发射出去。大多数辐射波长较长(或能量较低),因此会以热量的形式散逸。电子不会被一个钨核完全减速,因此在减速的每个阶段,都会发射较短波长或较高能量的辐射。由于在此过程中电子会被减速或"制动",因此该光谱被称为韧致辐射或制动光谱。该光谱为 X 射线光谱提供了宽范围的光子能级。

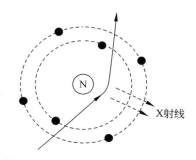

图 13.3　韧致辐射或制动光谱的产生

根据能量守恒公式,有

$$E = \frac{hc}{\lambda} \tag{13.1}$$

其中,$h = 4.135 \times 10^{-18}$ eVs 是普朗克常数,光速 $c = 3 \times 10^8$ m/s,λ 是 X 射线的波长,单位为埃(Å$=10^{-10}$ m)。h 和 c 的乘积为 12.4×10^{-10} keVm。当以 keV 为单位测量 E 时,方程简化为

$$E = \frac{12.4}{\lambda} \tag{13.2}$$

E 和 λ 之间的反比关系意味着较短的波长会产生较高能量的 X 射线,反之亦然。对于以 112 kVp 供电的 X 射线管,可以产生的最高能量为 112keV,因此对应的波长为 0.11Å。这是韧致辐射光谱产生过程中能达到的最短波长和最高能量。但是,大多数 X 射线将以更长的波长产生,因此能量更低。

第二种辐射光谱是由轨道上的钨电子与发射电子相互作用产生的,如图 13.4 所示。它被称为特征辐射,因为光谱直方图中的峰值是目标材料的特征。

快速移动的电子从钨原子的 K 壳层(内壳层)中喷射电子。该壳层由于电子的喷射而不

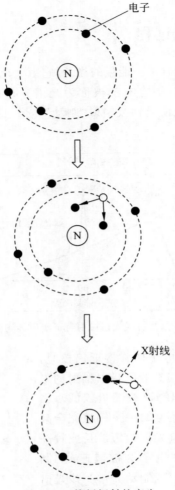

图 13.4 特征辐射的产生

稳定,空位被来自外层的电子填补,这伴随着 X 射线能量的释放。电子的能量和波长取决于其位置被填充的电子的结合能量。根据壳层的不同,这些特征辐射称为 K、L、M 和 N 特征辐射。

X 射线不仅与钨原子相互作用,还可以与路径上的任何原子相互作用。因此,路径中的氧分子被击出电子的 X 射线电离。这可能会改变 X 射线光谱,因此 X 射线发生器管保持在真空状态。

13.4 材料特性

13.4.1 衰减

一旦产生 X 射线,它就可以穿过患者或物体。物体中的材料通过吸收或偏转光束中的光子来降低 X 射线的强度,该过程称为衰减。如果存在多种材料,则每种材料都可以吸收或偏转 X 射线,从而降低其强度。

通过使用线性衰减系数 μ 来量化衰减,该系数定义为物体在每厘米的衰减。衰减与行进距离和入射强度成正比。如图 13.5 所示,衰减后的 X 射线强度由朗伯-比尔定律给出,表示为

$$I = I_0 e^{-\mu \Delta x} \tag{13.3}$$

其中 I_0 是初始 X 射线强度,I 是发射 X 射线的强度,μ 是材料的线性衰减系数,Δx 是材料的厚度。该定律假定输入 X 射线强度是单能或单色的。

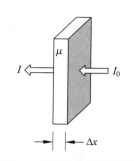

图 13.5　关于单色辐射和单一材料的朗伯-比尔定律

单色辐射的特征是光子为单一强度,但实际上,所有辐射都是多色的,并且具有不同强度的光子,光谱与图 13.2 所示。多色辐射的特征是光子具有不同的能量(质量和数量),峰值能量由峰值千伏电压 kVp 确定。

当多色辐射穿过物质时,如果波长越长,能量越低,就越容易被吸收,这增加了光束的平均能量。这种增加光束平均能量的过程称为"光束硬化"。

除了衰减系数外,还可以使用半值层定义材料在 X 射线下的特性。这被定义为将 X 射线强度下降一半所需的材料厚度。因此,根据式(13.3),对于厚度 $\Delta x = HVL$(半值层),有

$$I = \frac{I_0}{2} \tag{13.4}$$

因此,得

$$I_0 e^{-\mu HVL} = \frac{I_0}{2} \tag{13.5}$$

$$\mu HVL = 0.693 \tag{13.6}$$

$$HVL = \frac{0.693}{\mu} \tag{13.7}$$

对于线性衰减系数为 0.1/cm 的材料,HVL 为 6.93cm。这意味着当一束单色的 X 射线穿过材料时,其强度在穿过该材料 6.93cm 后下降一半。

HVL 不仅取决于研究的材料,还取决于管电压。电子管的高电压产生少量的低能光子,即图 13.2 中的光谱将向右移动。平均能量更高,光束就更硬。这种硬化的光束可以穿透材料,而不会显著损失能量。因此,当 X 射线管电压较高时,HVL 值将很高。这种趋势可以从表 13.1 中给出的不同管电压下铝的 HVL 中看出。

表 13.1　kVp 与 HVL 之间的关系

kVp	HVL(铝厚度)/mm	kVp	HVL(铝厚度)/mm
50	1.9	125	4.6
75	2.8	150	5.4
100	3.7		

13.4.2　多种材料的朗伯-比尔定律

如图 13.6 所示,对于具有 n 种材料的物体,朗伯-比尔定律以级联方式应用,有

$$I = I_0 e^{-\mu_1 \Delta x} e^{-\mu_2 \Delta x} \cdots e^{-\mu_n \Delta x} = I_0 e^{-\sum_{i=1}^{n} \mu_i \Delta x} \tag{13.8}$$

取强度的对数时,对于连续域,可得

$$P = -\ln\left(\frac{I}{I_0}\right) = \sum_{i=1}^{n} \mu_i \Delta x = \int \mu(x) \mathrm{d}x$$

$$\tag{13.9}$$

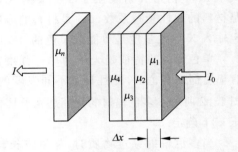

使用该公式,可以查看 P 值,即以能量强度表示的投影图像。它对应于该图像中特定位置的数字值,是衰减系数和各个组件厚度的乘积总和。这是 X 射线成像的基础。与求和过程相反的是 CT 重建,将在稍后讨论。

图 13.6　多种材料的朗伯-比尔定律

13.4.3　决定衰减的因素

光束的能量是决定衰减量的因素之一。与高能光束相比,低能光束优先被吸收。

X 射线穿过的物质的密度对衰减有重要影响,高密度物质(如骨头)比低密度物质(如组织)更能衰减 X 射线。同样地,不同类型的组织具有不同的密度,因此衰减程度不同,从而导致 X 射线图像上的对比度不同。决定衰减的物理特性是每克材料中的电子数。每克材料具有的电子数越多,与 X 射线相互作用的概率越高。每克材料的电子数由下式给出:

$$N = \frac{N_0 Z}{A} \tag{13.10}$$

其中 N 是每克材料的电子数;$N_0 = 6 \times 10^{23}$,是阿伏伽德罗常数;Z 是原子序数;A 是物质的原子量。由于阿伏伽德罗常数是一个常数,因此每克材料的电子数仅取决于 Z 和 A。

13.5　X 射线检测

到目前为止,已经介绍了使用 X 射线管生成 X 射线的方法,展示了 X 射线光谱的形状,还研究了 X 射线穿过材料时由于衰减而发生的强度变化。这些衰减的 X 射线必须转换为人类可见的形式。可以通过将它们在照相底片上曝光以获得 X 射线图像,或使用电视屏幕观看它们,或将它们转换为数字图像来实现这个转换过程。这些方法都使用 X 射线检测过程。有三种不同类型的 X 射线辐射检测器,即电离型、荧光型和吸收型。

1. 电离检测器

在电离检测器中，X 射线将检测器中的气体分子电离，并通过测量电离度来测量 X 射线的强度。此类检测器的一个示例是 Geiger Muller 计数器[Mac83]，如图 13.7 所示。这种检测器用于测量辐射强度，而不是用于创建 X 射线图像。

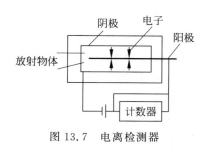

图 13.7 电离检测器

2. 荧光检测器

荧光检测器有不同类型。最受欢迎的是图像增强器（Ⅱ）和平板检测器（FPD）。在 Ⅱ[Mac83],[CDM84b],[FH00] 中，X 射线被转换为电子，电子被加速以增加其能量。然后，电子被转换回光并可以在电视或计算机屏幕上观看。对于 FPD，X 射线将被转换为可见光，然后使用光电二极管转换为电子。

使用照相机记录电子。在 Ⅱ 和 FPD 中，使用将 X 射线转换为电子并对其进行加速的过程来提高图像增益。现代技术已经允许创建高质量的大型 FPD，因此 FPD 正在迅速取代 Ⅱ。而且，FPD 占用的空间明显少于 Ⅱ。下面将详细讨论。

13.5.1 图像增强器

如图 13.8 所示，Ⅱ 由输入磷光体、光电阴极、静电透镜、阳极、输出荧光屏和玻璃外壳组成。X 射线穿过患者，并通过输入磷光体进入 Ⅱ。磷光体在吸收 X 射线光子后产生光子，光子被光电阴极吸收，并发射电子。然后，电子通过朝向阳极的电势差加速。阳极将电子聚焦到输出荧光屏上，该荧光屏发出的光将通过电视屏幕显示，记录在 X 射线胶片上或用照相机记录到计算机上。

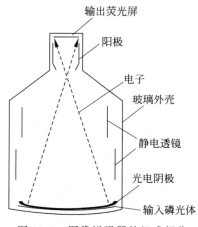

图 13.8 图像增强器的组成部分

输入磷光体由碘化铯（CsI）制成，它经气相沉积形成针状结构，从而防止光扩散，以提高分辨率。它还具有更大的堆积密度，因此即使厚度更小（需要良好的空间分辨率），也有更高的转换效率。当光子入射到光电阴极上时，光电阴极会发射电子。阳极加速电子。加速度越高，在输出磷光体处电子转化为光子的效果越好。输入磷光体是弯曲的，因此电子向输出磷光体行进相同的长度。输出荧光屏为银活化锌镉硫化物。输出可以使用电视上的镜头观看，也可以记录在胶片上。

13.5.2 多场Ⅱ

通过改变焦点的位置和控制电子束的交点来改变场的大小，这通过增加静电透镜的电势实现。较低的电势使焦点靠近阳极，因此整个结构的全貌都暴露于输出磷光体下。在较高电势下,焦点远离阳极,因此只有一部分输入磷光体暴露于输出磷光体。在这两种情况下,输入和输出磷光体的尺寸均保持不变。但在较小模式下,由于焦点较远,输入磷光体的一部分图像从视图中移除。

商用 X 射线设备的尺寸以英寸为单位。12 英寸模式将覆盖更大的解剖结构,而 6 英寸模式将覆盖较小的解剖结构。对于较小的 II 模式,曝光系数会自动增加,以补偿因缩小而降低的亮度。

由于电子从光电阴极到阳极会行进很长的距离,因此它们会受到地球磁场的影响。即使是 II 的微小运动,地球的磁场也会发生变化,因此电子路径会扭曲。扭曲的电子路径在输出荧光屏上产生畸变的图像。图像失真是不均匀的,在 II 的边缘附近会更明显。因此,相较地较小的 II 模式,较大的 II 模式更显著。失真可以通过设计、材料选择或更优选地使用图像处理算法来消除。

13.5.3 平板检测器

如图 13.9 所示,平板检测器(FPD)由荧光体、光电二极管、非晶硅和相机组成。X 射线穿过患者并通过荧光体进入 FPD。检测器吸收 X 射线光子后产生光子。光子被光电二极管吸收,并发射电子。然后,电子被非晶硅层吸收,产生的图像使用电荷耦合器件(CCD)相机记录。

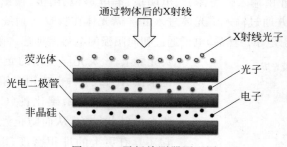

图 13.9　平板检测器原理图

荧光体由碘化铯(CsI)或硫氧化钆制成,经气相沉积形成针状结构,其作用类似于光纤电缆,可防止光扩散并提高分辨率。CsI 通常与非晶硅耦合,因为 CsI 是一种极好的 X 射线吸收剂,可以以最适合非晶硅转化电子的波长发射光子。

II 需要额外的长度以允许加速电子,FPD 则不需要。因此,与 II 相比,FPD 占用的空间要少得多。随着检测器尺寸的增加,差异变得更显著。II 受地球磁场的影响,FPD 则不存在此类问题。因此,FPD 可以安装在 X 射线机上,并允许在不扭曲图像的情况下围绕患者旋转。尽管 II 有一些缺点,但它的结构和电子设备更简单。

II 或 FPD 可以与 X 射线管、患者检查台以及将这些部件连接起来的结构固定在一起,以创建成像系统。这样的系统还可以被设计成围绕患者检查台旋转,并提供多个方向的图像以帮助诊断或医学干预。下面介绍该系统示例,包括荧光透视和血管造影。

13.6　X射线成像模式

13.6.1　荧光透视

第一代荧光透视机[Mac83],[CDM84b]由一个由铜激活硫化镉制成的荧光屏组成,它发出可见光的黄绿色光谱。由于图像非常微弱,因此要在黑暗的房间里进行观察,并且医生在检查之前要使眼睛适应黑暗。由于荧光强度较低,需要使用眼睛的视杆视觉,因此区分灰色阴影的能力也较差。随着Ⅱ的发明,这些问题得到了缓解。Ⅱ允许输入磷光体发出增强光,以便它可以被安全有效地用于构成一个系统,如图13.10所示。该系统可以生成和检测X射线,还可以生成使用电视和计算机研究的图像。

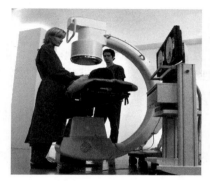
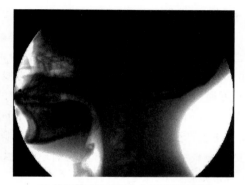

(a) 荧光透视机示例　　　　　(b) 使用Ⅱ系统获取的头部模型的图像

图 13.10　荧光透视机(原始图像经西门子公司许可转载)

13.6.2　血管造影

数字血管造影系统[Mac83],[CDM84b]由 X 射线管、Ⅱ或 FPD 检测器和用于控制系统并记录或处理图像的计算机组成。该系统与荧光透视类似,不同之处在于该系统主要用于使用造影剂可视化不透明的血管。X 射线管必须具有较大的焦点,并可以随时间变化提供恒定输出。检测器还必须提供恒定的加速电压,以防止采集期间发生增益变化。计算机控制整个成像链。

在对所获得的图像进行数字减影血管造影(DSA)的情况下[CDM84b],该计算系统会执行数字减影。在 DSA 过程中,计算机控制 X 射线,以便在所有图像上获得均匀的曝光。计算机在没有注入造影剂的情况下获得第一组图像,并将其存储为掩码图像。接着将在注入造影剂下获得的后续图像存储起来,并从掩码图像中减去,以获得仅包含血管的图像。

13.7　计算机断层扫描

目前讨论的荧光透视和血管造影产生的投影图像是 X 射线下人体部分的阴影。这些系统提供了一个方向上的平面视图，并且可能包含妨碍做出明确诊断的其他器官或结构。计算机断层扫描(CT)提供穿过患者的切片，因此可以提供目标器官的清晰视图。在 CT 中，从物体或患者周围采集一系列的 X 射线图像，然后，计算机使用重建过程来处理这些图像，以生成原始物体的图像。Godfrey N. Hounsfield 爵士和 Allan McCormack 博士独立开发了 CT，并于 1979 年获得了诺贝尔生理学奖。这项技术的实用性突出，以至于一个行业围绕它迅速发展起来，它仍然是医生的重要诊断工具。更多详细信息请参阅参考文献[Bus00]、[Hen83]、[Kal00]。

13.7.1　重建

重建的基本原理是，一个物体的内部结构可以从该物体的多个投影中计算出来。在 CT 重建中，要重建的内部结构为成像物体的线性衰减系数 μ 的空间分布。从数学上讲，式(13.9)可通过重建过程求逆以获得衰减系数的分布。

在临床 CT 中，原始投影数据通常是在不同角度获得的一系列 X 射线投影的一维向量，二维重建会产生二维衰减系数矩阵。在三维 CT 中，使用在不同角度获得的一系列二维图像来获取衰减系数的三维分布。为简单起见，本节讨论的重建将集中在二维重建。除非另作说明，否则投影图像是一维向量。

13.7.2　平行光束 CT

用于获取 CT 数据的原始方法使用平行光束几何技术，如图 13.11 所示，其从源到检测器的各个 X 射线的路径彼此平行。对 X 射线源进行准直以产生单个 X 射线光束，然后沿垂直于该 X 射线光束的轴平移源和检测器以获得投影数据(二维 CT 切片的单个一维向量)。在获取一个投影图像之后，旋转源检测器组件并获得后续的投影图像。重复此过程，直到获得 180°投影。使用中心切片定理或傅里叶切片定理[KS88]获得重建。该方法构成了许多 CT 重建技术的基础。

13.7.3　中心切片定理

重建图 13.12 所示的物体。原始坐标系为 x-y，当检测器和 X 射线源旋转角度 θ 时，坐标系为 x'-y'。在该图中，R 是等中心点(即旋转中心)与穿过物体的射线之间的距离。进行对数转换后，角度为 θ 的 X 射线投影为

$$g_0(R) = \iint f(x,y)\delta(x\cos\theta + y\sin\theta - R)\,\mathrm{d}x\,\mathrm{d}y \qquad (13.11)$$

其中 δ 是狄拉克-德尔塔函数[Bra99]。

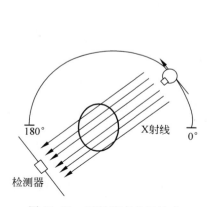

图 13.11 平行光束几何技术

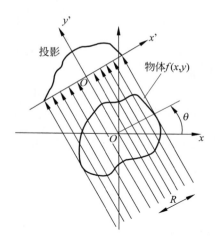

图 13.12 中心切片定理

该分布的傅里叶变换为

$$F(u,v)=\iint f(x,y)\mathrm{e}^{-i2\pi(ux+vy)}\,\mathrm{d}x\,\mathrm{d}y \tag{13.12}$$

其中 u 和 v 是垂直方向上的频率分量。用极坐标表示 u 和 v，得 $u=v\cos\theta$ 和 $v=v\sin\theta$，其中 v 是半径，θ 是傅里叶空间中的角位置。

代入 u 和 v，并简化为

$$F(v,\theta)=\iint f(x,y)\mathrm{e}^{-i2v\pi(x\cos\theta+y\sin\theta)}\,\mathrm{d}x\,\mathrm{d}y \tag{13.13}$$

式(13.13)可以改写为

$$F(v,\theta)=\iiint f(x,y)\mathrm{e}^{-i2v\pi R}\delta(x\cos\theta+y\sin\theta-R)\mathrm{d}R\,\mathrm{d}x\,\mathrm{d}y \tag{13.14}$$

重新排列积分，有

$$F(v,\theta)=\int\Big(\iint f(x,y)\delta(x\cos\theta+y\sin\theta-R)\Big)\mathrm{e}^{-i2\pi vR}\,\mathrm{d}R \tag{13.15}$$

根据式(13.11)，将上式简化为

$$F(v,\theta)=\int g_e(R)\mathrm{e}^{i2\pi vR}\,\mathrm{d}R=FT(g_e(R)) \tag{13.16}$$

$FT()$ 指的是封闭函数的傅里叶变换。式(13.16)显示，物体的二维傅里叶变换中沿角度 θ 的径向切片是在该角度 θ 下获取的投影数据的一维傅里叶变换。因此，通过获取不同角度的投影，可以获得沿二维傅里叶变换中的径向线的数据。注意，傅里叶空间中的数据是使用极坐标采样获取的。因此，要么执行极坐标逆傅里叶变换，要么必须将获得的数据插值到直线笛卡儿网格上，以便可以使用快速傅里叶变换(FFT)技术。

但是，也可以采用另一种方法。同样地，$f(x,y)$ 与傅里叶逆变换有关，即

$$f(x,y)=\iint F(v,\theta)\mathrm{e}^{i2\pi(ux+vy)}\,\mathrm{d}u\,\mathrm{d}v \tag{13.17}$$

通过使用极坐标变换，u、v 可以写成 $u=\cos\theta$ 和 $v=\sin\theta$。为了进行坐标变换，使用雅可比行列式，它由下式给出：

$$J = \begin{vmatrix} \dfrac{\partial u}{\partial v} & \dfrac{\partial u}{\partial \theta} \\[2mm] \dfrac{\partial v}{\partial v} & \dfrac{\partial u}{\partial \theta} \end{vmatrix} = \begin{vmatrix} \cos\theta & -v\sin\theta \\ \sin\theta & v\cos\theta \end{vmatrix} = v \tag{13.18}$$

因此，有

$$\mathrm{d}u\,\mathrm{d}v = |v|\,\mathrm{d}v\,\mathrm{d}\theta \tag{13.19}$$

所以，得

$$f(x,y) = \iint F(v\theta)\mathrm{e}^{i2\pi(x\cos\theta + y\sin\theta)}\,|v|\,\mathrm{d}v\,\mathrm{d}\theta \tag{13.20}$$

使用式（13.16），可得

$$f(x,y) = \iint FT(g_\theta(R))\mathrm{e}^{i2\pi(x\cos\theta + y\sin\theta)}\,|v|\,\mathrm{d}v\,\mathrm{d}\theta \tag{13.21}$$

$$f(x,y) = \iint FT(g_\theta(R))\mathrm{e}^{i2\pi vR}\delta(x\cos\theta + y\sin\theta - R)\,\mathrm{d}\theta\,\mathrm{d}R \tag{13.22}$$

$$f(x,y) = \iint \{FT(g_\theta(R))\,|v|\,\mathrm{e}^{i2\pi vR}\,\mathrm{d}v\}\delta(x\cos\theta + y\sin\theta - R)\,\mathrm{d}\theta\,\mathrm{d}R \tag{13.23}$$

式（13.23）花括号中的项是滤波后的投影，可以通过将投影数据的傅里叶变换与傅里叶空间中的 $|v|$ 相乘来获得，或通过执行实空间投影和函数 $|v|$ 的傅里叶逆变换的卷积来获得。由于该函数看起来像是斜坡，因此生成的滤波器通常被称为"斜坡滤波器"。

因此，有

$$f(x,y) = \iint FT(R,\theta) \cdot \delta(x\cos\theta + y\sin\theta - R)\,\mathrm{d}\theta\,\mathrm{d}R \tag{13.24}$$

其中 $FT(R,\theta)$ 是在角度 θ 采集的位置 R 处的滤波投影数据，它由下式给出：

$$f(x,y) = \iint FT(g_\theta(R))\,|v|\,\mathrm{e}^{i2\pi vR}\,\mathrm{d}R \tag{13.25}$$

一旦进行了卷积或滤波，就可以使用式（13.25）重建所得数据。此过程称为滤波反投影（FBP）技术，是实践中最常用的技术。

13.7.4　扇形光束 CT

如图 13.13 所示，扇形光束 CT 扫描仪有一组检测器，所有检测器在每个投影角度都同时受到 X 射线照射。检测器在 X 射线曝光中获取图像，因此消除了每个角度的平移。由于消除了平移，该系统的机械性能稳定且速度更快。但是，与平行光束重建相比，物体散射的 X 射线（稍后将讨论散射校正）会降低重建图像中的对比度。由于采集时间更快，因此这些机器仍然很受欢迎，它们可以重建运动物体，如在屏住呼吸的情况下的心脏切片。使用扇形光束扫描仪获取的图像可以使用重新组合的方法重建，该方法将扇形光束数据转换为平行光束数据，然后使用中心切片定理进行重建。目前，这种方法没有被使用，而是被基于滤波反投影的直接扇形光束重建方法所取代。

具有一组检测元件的扇形光束检测器产生一张 CT 切片。目前的扇形光束 CT 机具有多组检测器，可在物体一次旋转中获取 8 张、16 张、32 张切片，称为多切片 CT 机。与单切片相比，其优点是采集时间更快，而且一次曝光可以覆盖更大的区域。随着多切片 CT 机的出现，可获得患者的全身扫描。

图 13.14 是人体肾脏周围区域的轴向切片。它是如图 13.15 所示的全身扫描的众多切片之一。使用 Mimics[Mat20a] 将这些切片转换为三维物体,如图 13.16 所示。

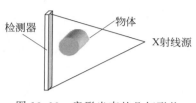

图 13.13　扇形光束的几何形状

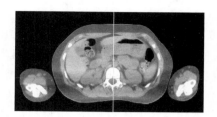

图 13.14　轴向 CT 切片

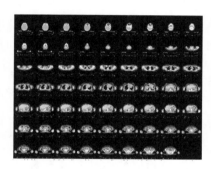

图 13.15　人体肾脏区域所有
CT 切片的剪辑图

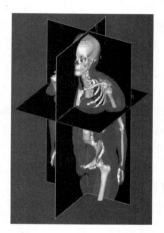

图 13.16　使用剪辑图中显示的轴向切片创建的
三维物体(为清晰起见,绿色的三维物
体叠加在切片信息上)

13.7.5　锥形光束 CT

如图 13.17 所示,锥形光束采集由二维检测器组成,取代在平行光束采集和扇形光束采集中使用的一维检测器。与扇形光束一样,源和检测器相对于物体旋转,并采集投影图像。然后,重建二维投影图像以获得三维立体。由于对二维区域进行成像,因此基于锥形光束的容积采集利用了原本会被阻挡的 X 射线。其优点是采集时间更快,像素分辨率更高以及体素分辨率各向同性(在 x、y 和 z 方向上体素大小相同)。锥形光束重建最常用的算法是 Feldkamp 算法[FDK84],该算法假设源和平面检测器的圆形轨迹是基于滤波反投影的。

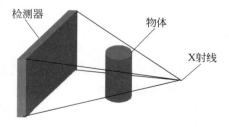

图 13.17　锥形光束几何形状

13.7.6 微型 CT

像断层扫描一样,微型断层扫描(俗称工业 CT 扫描)使用 X 射线创建三维物体的横截面,随后使用横截面重新创建虚拟模型,且不会破坏原始模型。术语 micro 表示横截面的像素大小在微米范围内,还因此产生了"微型计算断层扫描""微型 CT""微型计算机断层扫描""高分辨率 X 射线断层扫描"和其他类似术语。这些名称通常代表同一类仪器。

这也意味着与人体版相比,该机器的设计要小得多,用于对较小的物体进行成像。通常,有两种类型的扫描仪设置。在第一种设置中,X 射线源和检测器在扫描过程中是静止的,而动物或样本在旋转。第二种设置更像是临床 CT 扫描仪,当 X 射线管和检测器旋转时,动物或样本保持静止。

第一个 X 射线微型 CT 系统是由 Jim Elliott 在 20 世纪 80 年代初期设计和建造的[ED82]。最早在论文中发表的 X 射线微型 CT 图像是重建的热带小蜗牛的切片,像素大小约为 $50\mu m$。

微型 CT 通常用于研究小物体,如聚合物、塑料、微型设备、电子产品、纸张和化石。它还用于小型动物的成像,如小鼠或昆虫等。

13.8 Hounsfield 单位

Hounsfield 单位(HU)是 CT 中使用的系统单位,表示物体的线性衰减系数。它提供了一种标准的方法来比较使用不同的 CT 机获得的图像。重构像素值到 HU 的转换的线性变换为

$$\mathrm{HU} = \left(\frac{\mu - \mu_\omega}{\mu_\omega}\right) \times 1000 \tag{13.26}$$

其中,μ 是物体的线性衰减系数,μ_w 是水的线性衰减系数。因此,水的 HU 值为 0,而空气的 HU 值为−1000,因为空气的 μ 为 0。

以下是采集重建图像 HU 等效值的步骤。

(1) 使用与重建患者切片相同的 X 射线技术重建由装满水的圆柱体组成的水体模型。

(2) 水和空气(存在于圆柱体外部)的衰减系数是根据重建切片测量的。

(3) 建立线性拟合,以水(0)和空气(−1000)的 HU 为纵坐标,以从重建图像测量的相应线性衰减系数为横坐标。

(4) 使用确定的线性拟合将重建的患者数据映射到 HU。

由于 CT 数据被校准为 HU,因此图像中的数据在定性和定量上都具有意义。因此,对于给定像素或体素,HU 数为 1000 表示物体中的骨骼。

与 MRI、显微镜、超声等不同,由于使用 HU 进行校准,CT 测量是材料物理特性的映射。这在执行图像分割时很方便,因为相同的阈值或分割技术可用于不同间隔和条件下的不同患者的测量。它也有助于执行定量 CT,即使用 CT 测量物体特性的过程。

13.9　伪影

在先前的讨论中,均假定 X 射线光束是单能的,还假设成像系统的几何形状具有良好的表征,即成像系统相对于物体遵循的轨道没有变化。然而,在当前的临床 CT 技术中,X 射线光束不是单能的,几何形状也没有很好的表征。这将导致产生重建图像中的错误,通常被称为伪影,其定义为图像中重建值与物体的真实衰减系数之间的差异[Hsi03]。由于定义宽泛,可以包含很多内容,因此对伪影的讨论通常仅限于临床上的显著的错误。因为使用了多个投影图像,所以以 CT 比传统的射线成像更容易出现伪影。不同投影图像中的误差累积在重建图像中产生伪影,这些伪影可能会使放射科医生感到烦恼,在某些严重的病例中还隐藏可能导致误诊的重要细节。

在采集过程中,可以在一定程度上消除伪影,也可以通过对投影图像进行预处理或对重建图像进行后处理来去除它们。由于没有用于去除伪影的通用技术,因此,可以根据应用、人体结构等设计新技术。伪影无法完全消除,但可以通过使用正确的技术、正确的患者体位以及 CT 扫描仪的改进设计,或通过 CT 扫描仪提供的软件来减少伪影。

成像链中有许多错误来源,可能会导致伪影。通常可归类为由于成像系统或由于患者而引起的伪影。在下面的讨论中,几何未对准伪影、偏移伪影和增益校正伪影是由成像系统引起的,散射伪影、光束硬化伪影及金属伪影则是由被成像的物体或患者的性质引起的。

13.9.1　几何未对准伪影

CBCT 系统的几何结构是使用 6 个参数指定的,即 3 个旋转角度(对应图 13.18 中的 u 轴、v 轴和 w 轴的角度)和沿主轴的 3 个平移(图 13.18 中的 u、v、w)。这些参数中的错误会导致环形伪影[CMSJ05]、[FH00] 和双壁伪影等,这些都是肉眼可见的,因此不能误诊为病变。但是,这些参数中的小错误会导致边缘模糊,从而导致对病理大小的误诊,或可能会遮挡使 HU 数移位的伪影。因此,必须在重建之前准确确定并校正这些参数。

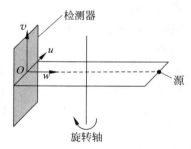

图 13.18　定义锥形光束系统的参数

13.9.2　散射伪影

在前面的讨论中,介绍了入射的 X 射线光子会从原子的轨道发射电子,因此,低能的 X 射线光子会从原子中散射出来。散射的光子与其入射方向呈一定角度行进,如图 13.19 所示。当这些散射的辐射被检测到时,可以发现其到达检测器时和初级辐射一样,但它们会降低图像的对比度并造成模糊。散射对最终图像的影响不同于常规射线成像和 CT。在射线成像的情况下,图像的对比度差,但是在 CT 的情况下,对数变换会导致非线性效应。

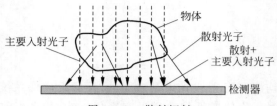

图 13.19　散射辐射

　　散射还取决于图像采集技术的类型。例如,由于光束高度较小,因此与锥形光束 CT 相比,扇形光束 CT 的散射较小。

　　减少散射的方法之一是气隙技术。在该技术中,患者和检测器之间保持一个较大的气隙。由于与入射方向呈大角度的散射辐射无法到达检测器,因此不会用于成像。由于并非总是可以在患者和检测器之间形成气隙,因此使用由铅条制成的栅格或后准直器[CDM84b],[Hsi03]来减少散射。栅格包含与被检测的光电探测器相对应的空间。以大角度到达的散射辐射将被铅吸收,只有以小角度到达入射方向的初级辐射被检测到。第三种方法是软件校正[LK87],[OFKR99]。由于散射是导致模糊的低频结构,因此可以通过使用光束停止技术[Hsi03]估算的数字来近似散射。但是,这并不能消除与散射相关的噪声。

13.9.3　偏移伪影和增益校正

　　理想情况下,对于任何时候均恒定的 X 射线输入,检测器的响应必须保持恒定。但是由于采集过程中的温度波动、检测器产生的非理想情况以及电子读数的变化,可能会在检测器中获得非线性响应。这些非线性响应导致该检测器单元的输出相对于所有相邻检测器像素不一致。在重建过程中,非线性响应会产生环形伪影[Hsi03],其中心位于等中心点。这些圆圈可能不会与人体解剖结构混淆,因为没有形成完美圆圈,但是它们会降低图像质量并隐藏细节,因此需要进行校正。此外,即使 X 射线源关闭,检测器也会产生一些电子读数。这种读数被称为"暗电流",需要在重建前移除。

　　数学上,平场零偏移校正图像 IC 由下式给出:

$$IC(x,y) = \frac{IA - ID}{IF - ID}(x,y) \times Average(IF - ID) \qquad (13.27)$$

其中 IA 是采集的图像,ID 是暗电流图像,IF 是平场图像,其采集技术与采集光束中没有物体的图像的技术相同。差值之比与(IF − ID)的平均值相乘以进行增益归一化。对每个像素重复此过程。暗场图像必须在每次运行之前采集,因为它们对温度变化敏感。基于图像处理的软件校正技术也可用于去除环形伪影。它们可以分为预处理技术和后处理技术。预处理技术基于以下事实:重建图像中的环形在投影空间中显示为垂直线。由于物体中除等中心点以外的任何特征都不能显示为垂直线,因此可以使用估计的像素值替换与垂直线对应的像素。尽管该过程很简单,但人体结构的噪声和复杂性对垂直线的检测提出了很大的挑战。另一种校正方案是后处理技术[Hsi03]。识别并删除重建图像中的环形。由于环形检测主要是一种电弧检测技术,因此它可能会过度校正看起来像弧线的特征的重建图像。因此,在有监督的环形去除技术中,要考虑所有视图之间的不一致。为了确定与给定环形半径相对应的像素位置,使用了一个取决于光源、物体和图像位置的映射。

13.9.4　光束硬化伪影

如图 13.2 所示光谱不具有唯一的能量,但其能量范围很广。当这种能量光谱入射到材料上时,低能量会比高能量更快地衰减,因为它优先被吸收。因此,当多色光束穿过材料时,它在高能光子中将变得更硬或更丰富。由于重建过程假设光束为理想的单色光束,因此使用多色光束采集的图像会产生杯形伪影[BK04]。杯形伪影的特征为:从重建图像的中心到其边缘的强度呈径向增加。与环状伪影不同,此伪影呈现困难,因为它可以模拟某些病变状况,所以可能会导致误诊。杯形伪影也会改变强度值,因此难以量化重建的图像数据。可以通过使用铝、铜等制成的滤波器在光束到达患者之前进行硬化来减少光束。此外,还提出了用于减少这些伪影的算法[BK04]。

13.9.5　金属伪影

金属伪影是由于存在与人体病理相比具有高衰减系数的材料造成的。这些材料包括手术夹、活检针、牙齿填充物、植入物等。由于其高衰减系数,金属伪影会产生光束硬化伪影,如图 13.20 所示,其特征是金属结构产生的条纹。因此,用于消除光束硬化的技术可以减少这些伪影。

在图 13.20 中,图 13.20(a)中的图像是在光束中没有任何金属的位置拍摄的切片。图 13.20(b)中的图像包含一个涂抹器,光束硬化会产生条纹伪影,该伪影不仅使金属重建不佳,还会在附近的像素上增加条纹,从而使诊断变得困难。

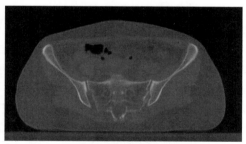

(a) 光束中没有金属的切片

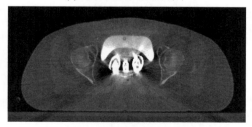

(b) 从金属涂抹器发出的带有强烈条纹的光束硬化阴影

图 13.20　金属伪影效应

目前已经提出了减少这些伪影的算法[Hsi03]、[JS78]和[WSOV96]。无须任何金属伪影校正即可执行一组初始重建；接着，根据重建的图像确定金属物体的位置；然后从投影图像中删除这些物体以获得合成投影；最后重建合成投影以获得没有金属伪影的重建图像。

13.10 总结

（1）典型的 X 射线和 CT 系统由 X 射线管、检测器和患者检查台组成。

（2）X 射线是通过轰击钨靶上的高速电子而产生的。生成 X 射线光谱，其频谱有两个部分：轫致辐射或制动频谱和特征辐射频谱。

（3）X 射线穿过材料后衰减，这是由朗伯-比尔定律决定的。

（4）使用电离检测器或闪烁检测器（如Ⅱ或 FPD）检测穿过材料后的 X 射线。

（5）X 射线系统可以是荧光透视或血管造影。

（6）CT 系统由 X 射线管和检测器组成，围绕患者旋转以获取多张图像。重建这些图像以获得穿过患者的切片。

（7）中心切片定理是一种用于重建图像的分析技术。基于该定理，可以证明重建过程包括滤波和反投影。

（8）Hounsfield 单位是 CT 中的计量单位。它是材料的衰减系数的映射。

（9）CT 系统会产生各种伪影，如几何未对准伪影、散射伪影、光束硬化伪影和金属伪影。

13.11 练习

（1）简要描述控制 X 射线或 CT 图像质量的各种参数。

（2）X 射线管的加速电势为 50kVp，X 射线的波长是多少？

（3）描述Ⅱ和 FPD 在检测机制上的差异，并具体说明优缺点。

（4）Allan M. Cormack 和 Godfrey N. Hounsfield 因发明 CT 获得了 1979 年诺贝尔奖。阅读他们的诺贝尔奖获奖感言，了解其中所描述图像与当前临床图像相比在对比度和空间分辨率方面的改进。

（5）线性衰减系数为水的线性衰减系数的一半的材料的 HU 值是多少？

（6）金属伪影会使图像在结构和 HU 值上产生明显的失真。使用参考文献中的论文，总结各种方法。

第 14 章
磁共振成像

14.1 简介

磁共振成像(MRI)建立在与核磁共振(NMR)相同的物理原理上,后者由 Isidor Rabi 博士于 1938 年首次提出,并因此获得 1944 年诺贝尔物理学奖。1952 年,Felix Bloch 和 Edward Purcell 因展示 NMR 技术在各种材料中的应用而获得诺贝尔物理学奖。

将核磁共振原理应用于人体成像花费了几十年的时间。Paul Lauterbur 研发了第一台生成二维图像的 MRI 机器。Peter Mansfield 拓展了 Paul Lauterbur 的工作并研发了数字技术,这些技术仍然是 MRI 图像创建的一部分。由于他们的成果,Peter Mansfield 和 Paul Lauterbur 于 2003 年获得了诺贝尔物理学奖。

经过多年的发展,MRI 已成为全世界医生最常用的诊断工具之一。因为不使用电离辐射,所以它很受欢迎。由于其更好的组织对比度,它在组织成像方面优于 CT。

MRI 比 CT 涉及更多的物理学知识,因此本章的安排与第 13 章不同。在第 13 章中,从 X 射线的构造和生成开始讲解,然后讨论了控制 X 射线成像的材料属性,最后讨论了 X 射线检测和成像。本章将从核磁共振和磁共振成像的各种定律开始讨论,这包括法拉第电磁感应定律、拉莫尔频率和布洛赫方程。接着介绍材料属性,如控制磁共振成像的旋磁比和质子密度,以及 T_1 和 T_2 弛豫时间。然后是核磁共振检测部分,最后是磁共振成像部分。了解了所有的物理学知识后,将介绍磁共振成像机器的结构,总结磁共振成像中的各种模式和潜在伪影。感兴趣的读者可以在参考文献[Bus88]、[CDM84a]、[DKJ06]、[Hor95]、[Mac83]、[MW98]、[McR03]、[SPL10]、[Wes09]中找到更多详细信息。

14.2 核磁共振和磁共振成像定律

14.2.1 法拉第定律

法拉第定律是电动机和发电机的基本原理,也是当今电动和混合动力汽车的一部分。

它是由 Michael Faraday 在 1831 年发现的,并由 James Clerk Maxwell 进行理论化。他指出,电流是根据磁通量变化的速率在线圈中感应出来的。在图 14.1 中,当磁铁沿所示方向移入和移出线圈时,线圈中会沿所示方向感应出电流。这对于发电很有用,其中磁场的通量是通过旋转线圈内的强力磁铁来实现的。运动的动力是通过机械方式获得的,如水的势能(水电)、柴油的化学能(柴油机发电厂)等。

反之亦然。当电流通过一个闭合的线圈时,会使磁铁移动。通过将磁铁的运动限制为旋转,就可以创建电动机。通过适当地连接线圈,发电机也可以成为电动机。在前者中,旋转磁铁以在线圈中感应电流;而在后者中,通过线圈的电流使磁铁旋转。

MRI 和 NMR 使用电线圈进行激发和检测。在激发阶段,线圈中的电流会感应出一个磁场,使原子沿磁场方向排列。在检测阶段,通过测量感应电流来检测磁场的变化。

14.2.2 拉莫尔频率

原子(尽管是量子级的物体)可以被描述为旋转陀螺。它将以如图 14.2 所示的角度绕其轴线进动。进动的频率是一个重要因素,由拉莫尔方程描述,有

$$f = \gamma B \tag{14.1}$$

其中,γ 是旋磁比,f 是拉莫尔频率,B 是外部磁场的强度。

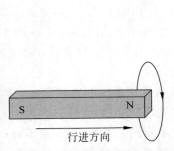

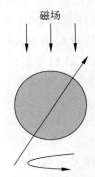

图 14.1 法拉第定律的图解   图 14.2 原子核在磁场中的进动

14.2.3 布洛赫方程

磁场中的原子沿磁场方向排列。RF 脉冲(稍后介绍)可以用来改变原子的方向。如果磁场指向 z 方向,原子将沿 z 方向排列。如果施加足够强度的脉冲,原子可以定向在 x 方向或 y 方向上,有时甚至定向在 z 方向,与原来的方向相反。

如果移除 RF 脉冲,原子将返回到其原始 z 方向。在从 xy 方向移动到 z 方向的过程中,原子遵循由布洛赫方程描述的螺旋运动。

$$\begin{cases} M_X = e^{-\frac{t}{T_2}} \cos\omega t \\[2mm] M_y = e^{-\frac{t}{T_2}} \sin\omega t \\[2mm] M_z = M_0\left(1 - e^{-\frac{t}{T_1}}\right) \end{cases} \tag{14.2}$$

通过在三维空间中绘制方程,可以很容易地对其进行可视化,如图 14.3 所示。在时间 $t=0$ 时,M_z 的值为 0。这是由于原子是在 xy 平面上取向的,因此它们的净磁化强度也在 xy 平面上,而不是在 z 方向上。当去除 RF 脉冲时,原子开始定向在 z 定向(它们在 RF 脉冲之前的原始方向)。这种定向在 xy 平面的变化是幅度变化的指数衰减和方向变化的正弦

图 14.3 布洛赫方程三维图

曲线。因此,净磁化强度随时间呈指数下降,同时在 xy 平面上呈正弦变化。在 $t=\infty$ 时,M_x 和 M_y 值达到 0,而 M_z 达到原始值 M_0。

由于无法无限期地对患者进行成像,因此在实际应用中,原子将永远无法完全恢复其原始的磁化强度。

14.3 材料属性

14.3.1 旋磁比

粒子的旋磁比是其磁偶极矩与其角动量的比值。对于给定的原子核,它是一个常数。表 14.1 给出了不同原子核的旋磁比。当包含多种材料的物体(因此具有不同的原子核)被置于一定强度的磁场中,进动频率与基于拉莫尔方程的旋磁比成正比。因此,如果测量进动频率,就可以区分各种材料。例如,氢原子核的旋磁比是 42.58MHz/T,而碳原子核的旋磁比是 10.71MHz/T。对于一台典型的临床核磁共振仪,磁场强度为 1.5T,因此氢原子的进动频率为 63.87MHz,碳原子的进动频率为 16.07MHz。

表 14.1 NMR 和 MRI 成像的原子核及其旋磁比的缩写列表

原子核	$\gamma/MHz \cdot T^{-1}$	原子核	$\gamma/MHz \cdot T^{-1}$
H^1	42.58	Na^{23}	11.27
P^{31}	17.25	C^{13}	10.71

14.3.2 质子密度

成像的第二个材料属性是质子密度或自旋密度。它是给定体积样品中"移动"氢核的数量。质子密度越高,样品在 NMR 或 MRI 成像中的响应就越大。

对 NMR 和 MRI 的响应不仅取决于氢核的密度,还取决于它的结构。与氧相连的氢核和与碳原子相连的氢核反应不同。此外,紧密结合的氢原子不会产生任何明显的信号。该信号通常由未结合或游离的氢核产生。因此,松散结合的组织中的氢原子会产生更强的信号。此外,骨骼具有强结合的氢原子,因此产生较弱的信号。

表 14.2 列出了常见材料的质子密度。从表中可以看出,与白质相比,骨骼的质子密度较低。因此,骨骼对 MRI 信号的反应很差。表 14.2 中的一个例外是脂肪。虽然脂肪由大量质子组成,但它对 MRI 信号的反应很差。这是由于脂肪中的长链分子固定了氢原子。

表 14.2 生物材料及其质子或自旋密度列表

生物材料	质子或自旋密度	生物材料	质子或自旋密度
脂肪	98	骨骼	$1-10$
灰质	94	空气	<1
白质	100		

14.3.3 T_1 和 T_2 弛豫时间

两个弛豫时间可以表征物体中的不同区域,并有助于在 MRI 图像中区分。它们表征了布洛赫方程中原子的响应。

如图 14.4 所示,在 z 轴方向上施加了强磁场 B_0,将导致 z 轴上 M_0 的净磁化强度从 0 开始增加。增长最初是快速的,但随后会减慢。它由式(14.3)给出,图形如图 14.5 所示。

$$M_z = M_0(1 - e^{-\frac{t}{T_1}}) \qquad (14.3)$$

净磁化达到 e$\left(即 M_0 - M_z = \dfrac{M_0}{e}\right)$内的某值的时间被称为 T_1 弛豫时间。由于 T_1 沿纵向(z 轴)处理磁化和退磁,因此 T_1 也称为纵向弛豫时间。

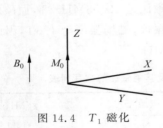

图 14.4 T_1 磁化

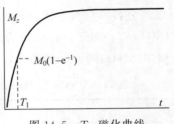

图 14.5 T_1 磁化曲线

在 MRI 图像采集期间,除了外部磁场外,还会施加 RF 脉冲。该 RF 脉冲扰乱平衡并降低 M_z。质子并不与其他原子隔离,而是与晶格紧密结合的。去除 RF 脉冲后,质子恢复平衡,从而导致 M_{xy} 或横向磁化强度降低。这是通过将能量转移到晶格中的其他原子和分子来实现的。xy 轴磁化衰减的时间常数称为 T_2 或自旋晶格弛豫时间。它由式(14.4)给出,图形如图 14.6 所示。

$$M_{xy} = M_{xy0} e^{-\frac{t}{T_2}} \qquad (14.4)$$

图 14.6 T_2 退磁图

T_1 和 T_2 彼此独立,但 T_2 通常小于或等于 T_1。从表 14.3 可以明显看出,该表列出了一些常见生物材料的 T_1 值和 T_2 值。T_1 和 T_2 的值取决于外部磁场的强度(在这种情况下为 1.0T)。

表 14.3　生物材料列表及其场强为 1.0T 的 T_1 和 T_2 值

生物材料	T_1/ms	T_2/ms
脑脊液	2160	160
灰质	810	100
白质	680	90
脂肪	240	80

14.4　NMR 信号检测

如前所述,强磁场的存在使物体中的质子沿磁场方向排列。最有趣的现象是在具有主磁场的情况下向物体施加 RF 脉冲时发生的。

质子与强磁场 B_0 对齐,并以拉莫尔频率进动,这是质子在磁场下的平衡状态。如图 14.7 所示,当使用发射线圈向卡通头部施加 RF 脉冲时,质子的方向会发生变化,并且在某些情况下,它会在以拉莫尔频率进动的同时向负方向翻转。由于翻转,净磁化方向与主磁场的方向相反。当去除 RF 脉冲时,质子翻转回正方向,从而达到其平衡状态。在此过程中,由于磁场的变化,在接收线圈中感应到电流,这基于之前讨论过的法拉第定律。在接收线圈中获得的信号如图 14.8 所示。由于自由感应衰减(FID),信号的强度随时间减弱,质子到达其平衡状态或"松弛"状态的时间称为弛豫时间。

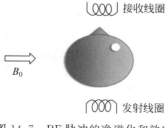

图 14.7　RF 脉冲的净磁化和效应

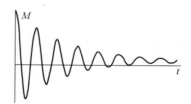

图 14.8　自由感应衰减

该信号是随时间变化的曲线,其包含物体中各种质子的频率的详细信息。频率分布可以通过使用傅里叶变换来获得。

14.5　MRI 信号检测或 MRI 成像

本节将学习使用 MRI 采集图像的方法。首先选择被成像物体的一部分,然后将该部分置于磁场下,该过程称为切片选择。通过改变磁场下质子的方向生成 MRI 信号,这是通过在相位和频率编码过程中对其他两个正交方向施加 RF 脉冲来实现的。所有这些过程都需要计时,以便采集 MRI 图像。该计时过程称为脉冲序列,将在随后的章节中详细讨论。

14.5.1　切片选择

切片选择是通过在物体上沿一个正交方向（通常为 z 方向或轴向）施加如图 14.9 所示的磁场来实现。磁场的应用使该区域的质子朝向磁场的方向，并将成像限制在该区域。不在磁场下的切片是随机定向的，因此不会受到随后施加的磁场或 RF 脉冲的影响。

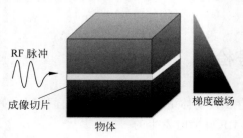

图 14.9　切片选择梯度

14.5.2　相位编码

相位编码梯度通常应用于 x 方向、y 方向或 z 方向。由于应用了切片选择梯度，因此各种质子定向在 z 方向。它们将彼此同相旋转。通过沿 y 方向应用梯度，沿给定 y 位置的质子将以相同的相位旋转，而其他 y 位置的质子将异相旋转。由于每个 y 位置可以使用相位来识别，因此可以得出结论：质子是参考相位进行编码的。如果相位编码梯度在 x 方向上，则可以扩展相同的参数。如果 MRI 图像具有 N 个像素位置，则选择相位编码梯度，使相邻像素之间的相移由式（14.5）给出，这样可以确保两个坐标不共享相同的相位。

$$\phi = \frac{360}{\text{沿 } x \text{ 方向或 } y \text{ 方向的像素数}} \tag{14.5}$$

14.5.3　频率编码

频率编码梯度应用于 x 方向、y 方向或 z 方向。在沿 y 方向应用相位编码梯度后，沿给定 y 位置的所有质子将在同一相位进动。当沿 x 方向施加频率编码梯度时，给定 x 位置的质子将接收相同的磁场。因此，这些质子将以相同的频率进动。通过同时应用相位编码梯度和频率编码梯度，物体中的每个 x 点和 y 点都将具有唯一的相位和频率。

14.6　MRI 结构

如图 14.10 和图 14.11 所示，MRI 的简单模型包括：
（1）主磁体。
（2）梯度磁体。

（3）RF 线圈。

（4）用于处理信号的计算机。

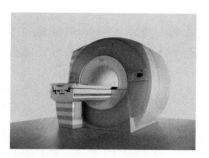 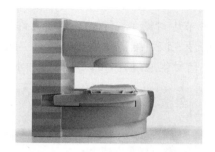

图 14.10 封闭式磁体 MRI 机（原始图像
经西门子公司许可转载）

图 14.11 开放式磁体 MRI 机（原始图像
经西门子股份公司许可转载）

14.6.1 主磁体

主磁体产生强磁场。一台典型的用于医学诊断的 MRI 机在 1.5T 左右，比地球磁场强
3 万倍。

磁铁可以是永磁铁、电磁铁或超导磁铁。选择磁铁的一个重要标准是其产生均匀磁场
的能力。永磁体比较便宜，但磁场不均匀。电磁铁可以制造为精密公差，从而使磁场均匀，
但它们会产生大量热量，限制了磁场强度。超导磁铁是由液氮或氦气等超导流体冷却的电
磁铁。这些磁铁具有均匀的磁场和高场强，但它们的操作成本很高。

14.6.2 梯度磁体

如前所述，均匀的磁场无法定位物体的各个部分，所以使用梯度磁场。根据法拉第定
律，可以通过向线圈（也称为梯度线圈）施加电流来产生磁场。由于需要在三个方向上生成
梯度，因此在三个方向上配置梯度线圈以产生磁场。

14.6.3 RF 线圈

RF 线圈由如铜的导电材料的回路组成。它随着电流的通过产生磁场，该过程称为传
输信号。同样地，快速变化的磁场会在线圈中产生可测量的电流，这是通过使用接收线圈
实现的。在某些情况下，同一线圈可以发送和接收信号，这种线圈称为收发器。图 14.12 为
脑成像线圈。可以为不同的成像部分创建专门的线圈。

14.6.4 k 空间成像

14.4 节中讨论了质子在去除 RF 脉冲后重新获得其方向的过程。在此过程中，线圈中

会感应出 FID 信号,如图 14.8 所示。FID 信号是横向平面中净磁化随时间变化的曲线图。该信号包含使用傅里叶变换获得的各种频率。它是一维信号,因为始发信号也是一维信号。

14.5 节中讨论了三个磁场梯度允许信号定位的过程。施加三个磁场,读取每个条件下获得的信号。该一维信号填充了频率空间中的一条水平线,如图 14.13 所示。通过对所有条件重复信号生成过程,可以填充各种水平线。

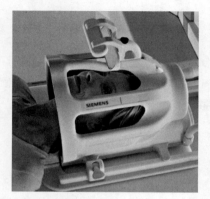

图 14.12　脑成像线圈(原始图像经西门子公司许可转载)　　　图 14.13　k 空间图像

可以证明,图 14.13 是 MRI 图像的傅里叶变换。可以使用简单的傅里叶逆变换获得 MRI 图像,如图 14.14 所示。图 14.14(a)是通过填充 k 空间采集的图像,图 14.14(b)是使用第一张图像的傅里叶逆变换获得的。

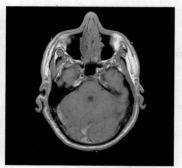

(a)通过填充k空间获得的图像　　　(b)k空间图像的傅里叶逆变换

图 14.14　MRI 图像的 k 空间重建

14.7　T_1、T_2 和质子密度图像

典型的 MRI 图像由 T_1、T_2 和质子密度加权分量组成。可以采集纯 T_1、纯 T_2 和质子密度加权图像,但通常很耗时。这些图像用于强调每个组成部分在 MRI 成像中的作用的讨论中。

图 14.15(a)是 T_1 加权图像(即像素值取决于 T_1 弛豫时间)。同样地,图 14.15(b)和图 14.15(c)分别是 T_2 和质子密度加权图像。

T_1 加权图像中的明亮像素对应脂肪,而 T_2 加权图像中相同的像素则显得较暗,反之亦然。质子密度图像可用于识别物体的病理。

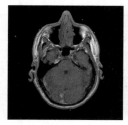 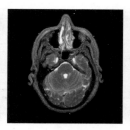 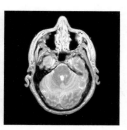

(a) T_1 加权图像　　　　(b) T_2 加权图像　　　　(c) 质子密度加权图像

图 14.15　T_1、T_2 和质子密度图像(由可视人类项目提供)

14.8　MRI 模式或脉冲序列

到目前为止,已经介绍了各种控制方式,如沿三个轴的梯度幅度以及倾斜质子方向的 RF 脉冲。本节将结合四种控制方法以生成在医学上和科学上都很有用的图像。该过程在不同时间执行不同的操作,通常使用脉冲序列图表示。在序列图中,每种控制方法都接收自己的操作行。时间过程在每一行的右侧显示。下面将讨论其中的一些脉冲序列。在每种情况下,都以规则的间隔(称为重复时间或 T_R)重复一组特定的操作或序列。T_E 定义为从第一个 RF 脉冲开始到达回波(或输出信号)峰值之间的时间。

14.8.1　自旋回波成像

自旋回波脉冲序列是最简单和最常用的脉冲序列之一,如图 14.16 所示。它由一个 90°脉冲和一个在 $\dfrac{T_E}{2}$ 处的 180°脉冲组成。在两个脉冲期间,沿 z 轴的梯度幅度保持开启。在时间 T_E 处产生回声,同时沿 x 轴的梯度保持不变,从而获得定位信息。重复此过程。图中最后一个 90°脉冲是下一个序列的开始。

14.8.2　反转恢复成像

反转恢复脉冲序列与自旋回波脉冲序列相似,它在 90°脉冲之前施加 180°脉冲部分,如图 14.17 所示。

180°脉冲使净磁化向量沿 z 轴反转。由于无法在 xy 平面以外的平面中测量反转,因此应用了 90°脉冲。两个脉冲之间的时间称为反转时间或 T_I。在两个脉冲期间,沿 z 轴的梯度磁场保持开启。在读取回波的同时应用梯度,从而获得定位信息。以固定的 T_R 间隔重复此过程。图中最后一个 180°脉冲是下一个序列的开始。

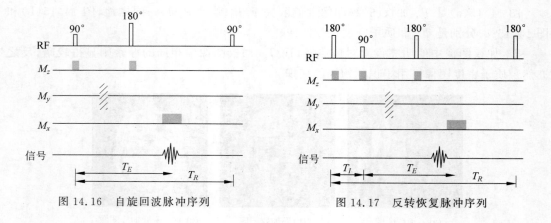

图 14.16　自旋回波脉冲序列　　　　　图 14.17　反转恢复脉冲序列

14.8.3　梯度回波成像

梯度回波成像脉冲序列仅包含一个 90°脉冲,是最简单的脉冲序列之一,如图 14.18 所示。翻转角可以是任何角度,以 90°为例。在应用 90°脉冲期间,切片选择梯度保持开启。在脉冲结束时,沿 y 轴施加梯度磁场,同时沿 x 轴应用负梯度。然后,在读取回波时,将 x 轴梯度切换为正梯度。由于脉冲较少且梯度以连续的间隔开启,因此它是最快的成像技术之一。图中的最后一个 90°脉冲是下一个序列的开始。

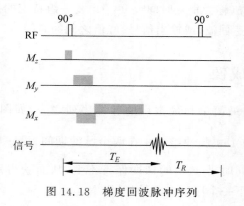

图 14.18　梯度回波脉冲序列

通过设置 T_R 和 T_E,可以采集 T_1、T_2 和质子密度加权的图像。参数列表如表 14.4 所示。

表 14.4　各种加权图像的 T_R 和 T_E 设置

加权图像	T_R	T_E
T_1	短	短
T_2	长	长
质子密度	长	长

14.9　MRI 伪影

MRI 中的图像形成是复杂的,涉及各种参数的相互作用,如磁场的均匀性、施加的 RF 信号的均匀性、MRI 机器的屏蔽、可改变磁场的金属的存在等。与理想条件的任何偏差都将导致伪影,从而改变图像的形状或像素亮度。其中,一些伪影很容易识别,如金属制品会留下可识别的条纹或变形。其他一些伪影不容易识别,如部分容积伪影。

可以通过创建接近理想的条件来消除这些伪影。例如,为了确保没有金属伪影,需要患者没有植入任何的金属物体;或者可以使用不同的成像方式,如 CT 或改进的 MRI 成像。

伪影通常分为两类:与患者有关和与机器有关。运动伪影和金属伪影与患者有关,而不均匀性和部分容积伪影与机器有关。图像可能包含这两种类别的伪影。还有许多其他的伪影,有兴趣的读者可以查阅 14.1 节中给出的参考资料。

14.9.1　运动伪影

运动伪影可能是由于患者的运动或患者体内器官的运动引起的。器官运动是由于心率周期、血液流动和呼吸而发生的。在屏蔽或设计不佳的 MRI 设施中,移动大型铁磁物体(如汽车、电梯等)会导致磁场不均匀,进而导致运动伪影。

由于心率周期引发的运动可以通过门控方式来控制,门控是一个与心率周期同步的图像采集过程。在某些情况下,屏气可以用来补偿运动伪影。

图 14.19 是带有和不带有运动伪影的切片重建示例。图 14.19(b)中的运动伪影导致图像质量显著下降,从而使临床诊断变得困难。

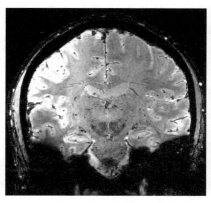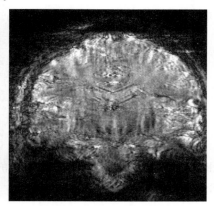

(a) 没有运动伪影的切片　　　　　　　(b) 带有运动伪影的切片

图 14.19　运动伪影对 MRI 重建的影响(原始图像经明尼
苏达大学的 Essa Yacoub 博士许可转载)

14.9.2 金属伪影

铁等铁磁性材料会强烈影响磁场，造成不均匀性。在图 14.20 中，箭头指示磁场的方向。图 14.20(a)的磁场围绕着非金属物体（如组织），组织的存在不会改变磁场的均匀性。在图 14.20(b)中，金属物体放置在磁场中，磁场在靠近物体的地方发生扭曲。

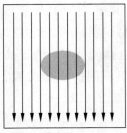

(a) 磁场围绕着非金属物体　　(b) 金属物体放置在磁场中

图 14.20　金属伪影的形成

在重建过程中，假定磁场是均匀的。因此，假定所有具有相同磁场强度的点将具有相同的拉莫尔频率。这种与理想情况的差异会导致金属伪影。

对于铁、不锈钢等铁磁材料，效果更明显。对于钛和其他合金等金属，效果就不那么明显了。如果 MRI 是对植入金属物的患者进行成像的首选方式，则可以使用低场强磁铁。

14.9.3 不均匀伪影

该伪影在原理上类似于金属伪影。在金属伪影的情况下，不均匀性是由金属物体的存在引起的。在不均匀伪影的情况下，磁场的不均匀是由磁体的设计或制造中的缺陷导致的。

伪影可能由于主磁场 B_0 或梯度磁场而产生。在某些情况下，整个主磁场在穿过患者时可能是不均匀的，并且会从中心到外围发生变化。

伪影会导致扭曲，具体取决于穿过患者的磁场变化。如果变化很小，则会产生阴影伪影。

14.9.4 部分容积伪影

该伪影是由使用大体素尺寸的成像引起的，导致附近两个物体的强度或像素亮度被平均。这种伪影通常会影响细长物体，因为它们的亮度会在垂直于其长轴的方向上迅速变化。

可以通过提高空间分辨率来减少伪影，这会导致图像中体素的数量增加，并延长采集时间。

14.10 总结

(1) MRI 是一种非辐射高分辨率成像技术。

(2) 它适用于法拉第定律、拉莫尔频率和布洛赫方程。

(3) 它基于物理原理,如 T_1 和 T_2 弛豫时间、质子密度和旋磁比。

(4) 磁场中的原子沿磁场方向排列。可以应用 RF 脉冲以更改其方向。当去除 RF 脉冲时,原子重新定向,并且可以测量由此过程产生的电流。这是 NMR 的基本原理。

(5) 在 MRI 中,使用 NMR 的基本原理以及切片选择、相位编码和频率编码梯度来定位原子。

(6) MRI 机器由主磁体、梯度磁体、RF 线圈和用于处理的计算机组成。

(7) 控制 MRI 图像采集的各种参数以脉冲序列图的形式表示。

(8) MRI 受到各种伪影的影响,这些伪影可以分类为与患者相关或与机器相关。

14.11 练习

(1) 计算表 14.1 中列出的所有原子的拉莫尔频率。

(2) 使用式(14.2)解释图 14.3。

(3) 如果沿 z 方向向下看图 14.3,则磁场路径将显示为一个圆形,分析原因。

解决方案:M_x 和 M_y 的值具有 cos 和 sin 依赖性,类似于圆的参数形式。

(4) 解释为什么 T_2 通常小于或等于 T_1。

(5) 在使用 k 空间成像之前,图像重建使用与 CT 类似的反投影技术实现。撰写有关此技术的报告。

(6) 已经讨论了一些 MRI 图像中的伪影。再给出两个伪影并列出其原因、症状和克服这些伪影的方法。

(7) 与 CT 相比,MRI 通常是安全的。然而,在 MRI 成像期间采取预防措施很重要。列出一些预防措施。

第 15 章
光学显微镜

15.1 简介

现代光学显微镜产生于 17 世纪,但其重要组成部件——镜头的起源可以追溯到三千多年前。古希腊人通过聚焦太阳光线,用镜片取火。后来,镜片在欧洲被用来制造眼镜,以矫正视力问题。透镜的科学应用可以追溯到 16 世纪复合显微镜的诞生。英国物理学家 Robert Hooke 是第一个使用显微镜描述细胞的人。荷兰物理学家改进了透镜设计,并取得了许多重要发现。由于他的研究贡献,他被称为"显微镜之父"。

本章首先介绍控制光学显微镜成像的各种物理原理,其中包括几何光学、数值孔径、分辨率的衍射极限和物镜。显微镜的目的是放大物体,同时保持良好的分辨率(即区分附近两个物体的能力)。衍射极限、物镜和数值孔径决定了显微镜的分辨率。在讨论简单的宽视场显微镜的设计时,应用了这些原理。其次介绍荧光显微镜,它不仅对样本的结构进行成像,还对样本各个部分的功能进行编码。然后,讨论了共焦显微镜和 Nipkow 圆盘显微镜,它们提供了比宽视场显微镜更好的对比度分辨率。最后,讨论了如何为给定的成像任务选择宽视场显微镜或共焦显微镜。有兴趣的读者可以参阅参考文献[Bir11]、[Dim12]、[HL93]、[Mer10]、[RDLF05]、[Spl10]获得更多细节。

15.2 物理原理

15.2.1 几何光学

一个简单的光学显微镜如图 15.1 所示。它包括目镜、物镜、待观察的样本和光源。顾名思义,目镜是观察样本的透镜。物镜是离样本最近的透镜。目镜和物镜通常是复合凸透镜。随着数字技术的引入,观察者不必通过目镜观看样本,而是由相机获取并存储图像。

显微镜中使用的透镜具有放大倍率,使物体看起来比原始尺寸大。物镜的放大倍率可以定义为所形成图像的高度与物体的高度的比率。如图 15.2 所示应用三角形不等式,得到放大倍率 m,它等于 d_1/d_0,有

$$m = \frac{h_1}{h_0} = \frac{d_1}{d_0} \qquad (15.1)$$

目镜也可以获得类似的放大倍数。显微镜的总放大倍数为两次放大倍数的乘积。

$$M = m_{物镜} \times m_{目镜} \qquad (15.2)$$

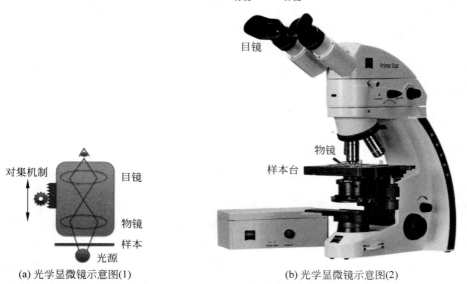

(a) 光学显微镜示意图(1)　　　　(b) 光学显微镜示意图(2)

图 15.1　光学显微镜(原始图像经卡尔蔡司显微镜公司许可转载)

15.2.2　数值孔径

数值孔径定义了透镜的分辨率和光子收集能力,定义如下:

$$NA = n \sin \theta \qquad (15.3)$$

其中 θ 是孔径角度或孔径的接受角,n 是折射率。

对于高分辨率成像,使用具有高数值孔径的物镜至关重要(将在后面讨论)。图 15.3 是标有所有参数的物镜照片。其中,20X 是放大倍数,0.40 是数值孔径。

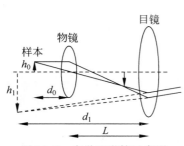

图 15.2　光学显微镜示意图

图 15.3　物镜上的标记(原始图像经卡尔蔡司显微镜公司许可转载)

15.2.3 衍射极限

分辨率是成像系统的一个重要特性。它定义了可以使用显微镜等光学系统解析（或查看）的最小细节。极限分辨率称为衍射极限。电磁辐射具有粒子和波的性质。衍射极限由波的性质决定。惠更斯-菲涅耳原理表明：透镜的孔径会从入射平面波中产生二次波源。这些二次波源会产生干涉图案并产生艾里斑。

根据衍射原理，可以推导出透镜的分辨率，它是通过透镜可以区分的两个相邻点之间的最小距离，定义如下：

$$RP = \frac{0.16\lambda}{NA} \tag{15.4}$$

如果显微镜系统由物镜和目镜组成，则公式必须修改为：

$$RP = \frac{1.22\lambda}{NA_{obj} + NA_{eye}} \tag{15.5}$$

其中 NA_{obj} 和 NA_{eye} 分别是物镜和目镜的数值孔径。

任何光学成像系统的目的都是提高分辨率或降低 RP 值。这可以通过减小波长、增加孔径角或增加折射率来实现。由于这种讨论是在光学显微镜上进行的，所以仅限于可见光波长。与可见光相比，X 射线、伽马射线等具有更短的波长，因此分辨率更高。空气的折射率（稍后讨论）为 1.0。显微镜成像中使用的介质的折射率通常大于 1.0，因此提高了分辨率。

相距较远的两个点将具有不同的艾里斑，因此观察者可以轻松识别。如果点很近（如图 15.4 中的中间图像），则两个艾里斑开始重叠。如果点之间的距离进一步缩小（图 15.4 中的左图），它们就开始进一步重叠。双峰值接近和人眼无法分离两点的极限称为瑞利判据。

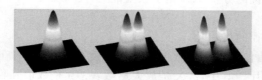

图 15.4 瑞利判据

15.2.4 物镜

在如图 15.1 所示的设置中，两个放大源是物镜和目镜。由于物镜是最接近样本的，所以它是放大倍率的最大贡献者。因此，了解物镜的内部工作原理以及各种设置是至关重要的。

首先介绍折射率，它是描述电磁辐射如何通过各种介质的无量纲数。折射率可以在彩虹、棱镜分离可见光等各种现象中看到。透镜的折射率与样本不同，这种折射率的差异导致光的偏转。通过将样本浸入折射率接近透镜的流体（通常称为介质）中，可以匹配物镜和样本之间的折射率。

表 15.1 显示了常用的介质及其折射率。不匹配的折射率将导致信号、对比度和分辨率的损失。

表 15.1　常用介质及其折射率列表

介质	折射率	介质	折射率
空气	1.0	甘油	1.44
水	1.3	浸没油	1.52

综上所述,物镜的选择基于以下三个参数。

(1) 介质的折射。

(2) 所需的放大率。

(3) 分辨率,这又取决于数值孔径的选择。

15.2.5　点扩展函数

第 4 章讨论了使用高斯平滑函数降低图像中的噪声。降噪是通过将一个位置的像素值分配到其所有相邻位置来实现的。所有光学系统都使用名为点扩展函数(PSF)的内核执行类似的操作,它是光学系统由于衍射而对点输入或点物体的响应。当点光源通过针孔孔径时,焦平面上的合成图像不是一个点,而是亮度扩展到多个相邻位置的像素。换句话说,点图像被 PSF 模糊。PSF 取决于透镜的数值孔径。具有高数值孔径的透镜产生较小宽度的 PSF。

15.2.6　宽视场显微镜

根据获取图像、提高对比度、照亮样本等方法,光学显微镜可以分为不同类型。此处描述的显微镜被称为宽视场显微镜。由于 PSF 的影响,它的空间分辨率很差(没有任何计算机处理),对比度分辨率也很差。

15.3　宽视场显微镜的构造

光学显微镜旨在使用多个透镜放大样品图像。它由以下 6 个部分组成。

(1) 目镜。

(2) 物镜。

(3) 光源。

(4) 聚光透镜。

(5) 样本台。

(6) 对焦旋钮。

目镜是离眼睛最近的镜头。现在的目镜是复合透镜,以补偿像差。它是可换的,可以根据被成像物体的性质使用不同放大倍数的目镜。

物镜是离物体最近的透镜,它通常是复合透镜,以补偿像差。它由三个参数表征:放大倍数、数值孔径和浸没介质的折射率。物镜是可换的,因此现代显微镜还包含一个物镜架,其中包含多个物镜,以便在不同的镜头之间更轻松、更快地切换。可以将物镜浸入油中以匹配折射率并增加数值孔径,从而提高分辨率。

光源在显微镜底部。可以通过调节它以调整图像中的亮度。如果光线不足,合成图像的对比度就会很差,而多余的光线可能会使记录图像的相机饱和。最常用的照明方法是Kohler 照明,由 Köhler 于 1893 年 8 月设计。以往的方法存在光照不均、光源在成像平面上投影等问题。Köhler 照明消除非均匀照明,使光源的所有部分都有助于样本照明。它的工作原理是使用放置在灯附近的聚光透镜以确保灯具图像不会投影到样品平面上。该透镜将灯具的图像聚焦到聚光透镜上。在此条件下,样本的照明是均匀的。

样本台用于放置待检查的样本。工作台可以沿其两个轴移动进行调整,以便对大的样本进行成像。根据显微镜的特点,工作台可以是手动或电机控制的。

对焦旋钮允许在垂直轴上移动工作台或物镜。这可以对样本进行聚焦,并对大型物体进行成像。

15.4 落射照明

在如图 15.1 所示的显微镜设置中,通过使用放置在下方的光源来照亮样本,这被称为透照。该方法不会将荧光显微镜中的发射光和激发光分离。现代显微镜中使用了一种称为落射照明的替代方法。

在这种方法中,光源被放置在样本上方。分色镜反射激发光并照亮样本。发射光(波长较长)穿过分色镜,并使用相机进行观察或检测。由于发射光和激发光有两个明确定义的路径,因此在形成图像时仅使用发射光,从而提高了图像的质量。

15.5 荧光显微镜

荧光显微镜可以从结构上和从功能上识别样本的各个部分。它允许标记样本的不同部分,从而产生特定波长的光并形成图像。这提高了样本中不同物体之间图像的对比度。

15.5.1 理论

当荧光分子在很短的时间间隔内吸收特定波长的光并发出不同波长的光时,通常可以观察到荧光。该分子通常被称为荧光色素或染料,吸收和发射之间的延迟为纳秒级。该过程通常使用图 15.5 显示。该图形应从下到上阅读。较低的状态为稳定基态,一般称为 S_0 态。荧光色素上的光或光子使分子达到激发态(S_1')。处于激发态的分子是不稳定的,因此在失去辐射(如热)和更长波长的光的能量后,分子会恢复到其稳定状态。这种光称为发射光。

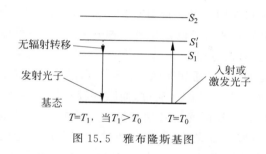

图 15.5　雅布隆斯基图

根据第 13 章讨论的普朗克定律,光的能量与波长成反比。因此,较高能量的光将具有较短的波长,反之亦然。入射光子能量较高,因此波长较短,而发射光能量较低,波长较长。发射和吸收的原理超出了本书的范围,建议读者查阅有关荧光的书籍以了解详细信息。

15.5.2　荧光色素性质

15.5.1 节讨论了荧光色素的两种性质:激发波长和发射波长。表 15.2 列出了常用的荧光色素的激发和发射波长。可以看出,不同色素的激发波长与发射波长或斯托克斯频移之间的差异是显著的。差异越大,越容易过滤发射和激发之间的信号。

表 15.2　与荧光成像相关的荧光团列表

荧光色素	峰值激发波长/nm	峰值发射波长/nm	斯托克斯频移/nm
DAPI	358	460	102
FITC	490	520	30
荧光基团 647	650	670	20
荧光黄 VS	430	536	106

第三种性质是量子产率,它是色素的另一个重要特性,定义如下:

$$QY = \frac{发射光子数}{吸收光子数} \qquad (15.6)$$

决定荧光产生量的另一个重要性质是吸收截面。吸收截面可以用下面的类比来解释。如果子弹射向目标、目标较大且表面朝向与子弹路径方向垂直,则到达目标的能力更好。同样地,吸收截面定义了荧光团的"有效"截面,因此也定义了激发光产生荧光的能力。

它的测量方法是用一定强度的激发光子激发一定厚度的荧光团样品,并测量发射光的亮度。式 15.7 给出了两种强度之间的关系。

$$I = I_0 e^{-\sigma D \delta x} \qquad (15.7)$$

其中 I_0 是激发光子强度,I 是发射光子强度,σ 是荧光团的吸收截面,D 是密度,δx 是荧光团的厚度。

15.5.3　滤光片

在荧光成像过程中,有必要阻止所有不是由荧光色素发出的光,以确保图像中的最佳对比度,从而更好地检测和处理图像。此外,样本不一定只含有一种类型的荧光色素。因此,为了将产生的图像中的一种荧光色素与另一种分离,需要一种滤波器,只允许与不同荧光色素相对应的特定波长的光通过。

滤波器可分为三类:低通、带通和高通。在第 7 章讨论了数字滤波器,此处将讨论物理滤波器。低通滤波器允许较短波长的光通过,而阻塞较长波长的光。高通滤波器允许较长波长的光通过,而阻塞较短波长的光。带通滤波器允许特定波长范围的光通过。此外,荧光显微镜使用一种特殊类型的滤光片,称为分色镜。与前面讨论的三种滤波器不同,在分色镜中,入射光与滤光片的夹角为 45°。分色镜反射较短波长的光,允许较长波长的光通过。

多通道成像是一种模式,在这种模式下,不同类型的荧光色素被用于成像,从而产生具有多个通道的图像。此类图像称为多通道图像。每个通道包含一张对应荧光色素的图像。例如,如果使用两个不同的荧光色素获得大小为 512 像素×512 像素的图像,则图像大小为 512 像素×512 像素×2。2 对应两个通道。通常,大多数荧光图像具有三个维度。因此,在这种情况下,容积将是 512 像素×512 像素×200×2,其中 200 是切片数或 z 维数。根据成像条件,实际数量可能有所不同。

荧光色素的选择取决于以下 4 个参数。

(1) 激发波长。

(2) 发射波长。

(3) 量子产率。

(4) 光稳定性。

在显微镜中使用的滤光片需要根据被成像的荧光色素来选择。

15.6　共焦显微镜

共焦显微镜克服了影响宽视场显微镜的空间分辨率问题。在共焦显微镜中,通过以下两种方法可以获得更好的分辨率。

(1) 一束窄光束照亮样本的一个区域,消除了由于样本中附近区域的反射或荧光而导致的光收集。

(2) 由样本产生的发射光或反射光穿过一个窄孔径。从光束方向发出的光将通过孔径。从附近物体发出的任何光或从样本中的各种物体发出的散射光都不会通过孔径。这个过程消除了所有的散焦光,只收集焦平面中的光。

上述过程描述了单个像素的图像的形成。由于需要形成完整样本的图像,因此需要对整个样本进行窄光束扫描,并需要收集发射光或反射光以形成完整的图像。扫描过程类似于电视中使用的光栅扫描过程。它可以用两种方法进行操作。在 Marvin Minsky 设计的第一种方法中,平移样本以便对所有的点进行扫描。这种方法速度很慢,还会改变悬浮在液体中的样本的形状,因此不再使用。第二种方法是在光束扫描时保持样本静止,这得益于光学和计算机硬件、软件的进步,并应用于所有现代显微镜。

15.7　Nipkow 圆盘显微镜

Paul Nipkow 在 1884 年发明了一种将图像转换成电信号的方法并获得了专利。该方法使用一个含有螺旋形孔的旋转轮扫描图像,如图 15.6 所示。不包含孔的车轮部分变暗,使光线无法穿过。通过恒定的速度旋转圆盘,穿过孔的光线扫描样本中的所有点。这种方法后来应用于显微镜。图 15.6 有较少的螺旋孔,而商用光盘将有大量的孔,以实现图像的快速采集。

包含激光源、物镜、检测器和样本的圆盘装置如图 15.7 所示。图 15.8 是 Nipkow 圆盘显微镜的照片。在图 15.7 中,照明光覆盖了大部分孔洞。不包含任何孔的部分反射光。穿过孔的光线通过物镜到达样本。反射光或荧光发出的光通过物镜并被分色镜反射。检测器使用反射光形成图像。

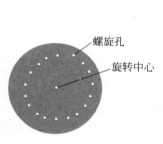

图 15.6　Nipkow 圆盘设计

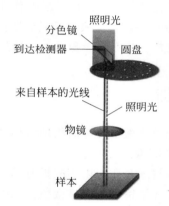

图 15.7　Nipkow 圆盘设置

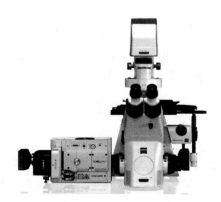

图 15.8　Nipkow 圆盘显微镜(原始图像经卡尔蔡司显微镜公司许可转载)

与普通共焦显微镜不同,Nipkow 圆盘显微镜速度更快,因为无论是样本还是光束都不需要光栅扫描。这使得活细胞的快速成像成为可能。

15.8　共焦显微镜或宽视场显微镜

　　共焦显微镜和宽视场显微镜各有优缺点。在针对给定的成本、样本类型或要进行分析决定使用哪种显微镜时，需要考虑如下因素。

　　(1) 分辨率。有两种不同的分辨率：xy 方向和 z 方向。共焦显微镜可在两个方向上产生分辨率更高的图像。由于计算技术的进步和拥有更好的软件，宽视场图像可以沿 x 方向和 y 方向去卷积以得到好的分辨率，但不一定沿 z 方向。

　　(2) 光漂白。来自共焦显微镜的图像可能会被光漂白，因为与宽视场显微镜相比，样本的成像时间更长。

　　(3) 噪声。由于 PSF 的模糊，宽视场显微镜通常产生噪声较小的图像。

　　(4) 采集率。由于共焦图像扫描单个点，因此它与宽视场显微镜相比，它通常较慢。

　　(5) 成本。由于宽视场显微镜具有较少的零件，因此它比共焦显微镜便宜。

　　(6) 计算机处理。共焦图像不需要使用去卷积处理。根据设置的不同，宽视场图像的去卷积可以产生与共焦图像质量相当的图像。

　　(7) 样本组成。具有去卷积的宽视场显微镜适用于结构较小的样本。

15.9　总　结

　　(1) 控制光学显微镜成像的物理特性是放大倍数、衍射极限和数值孔径。衍射极限和数值孔径决定了图像的分辨率。

　　(2) 将样本浸入介质中以匹配折射率，提高分辨率。

　　(3) 宽视场显微镜和共焦显微镜是两种最常用的显微镜。前者中，大量的光线用于照亮样本；后者中，铅笔光束用于扫描样本，收集的光通过共焦孔。

　　(4) 荧光显微镜可以对样本的形状和功能进行成像。荧光显微镜图像是在样本经过荧光团处理后获得的。

　　(5) 荧光团发射的特定波长范围是通过滤光片测量的。

　　(6) 为了加速共焦图像采集，使用了 Nipkow 圆盘。圆盘由放置在螺旋上的一系列孔组成。旋转圆盘并设计孔的位置，以确保完成样本的二维扫描。

15.10　练　习

　　(1) 如果物镜的放大倍数为 20X，目镜放大倍数为 10X，则总放大倍数是多少？

　　(2) 物镜架有三个物镜：20X、40X 和 50X。若目镜的放大倍数为 10X，则可达到的最大放大倍数是多少？

　　(3) 在相同的物镜架设置中，如果一个细胞占据了 20X 放大倍数物镜的 10% 视野，那么占据 40X 物镜视野的百分比是多少？

　　(4) 讨论几种提高光学显微镜空间分辨率的方法，并分析每个参数的限制。

第 16 章
电子显微镜

16.1 简介

光学显微镜的分辨率与波长成正比。为了提高分辨率,应使用波长较短的光。科学家已经开始使用比可见光波长短的紫外线进行实验。由于难以生成和保持一致性,因此它在商业上并不成功。

同时,法国物理学家 Louis de Broglie 证明了行进的电子具有与光相似的波粒二象性。因为这项工作,他于 1929 年获得了诺贝尔奖。

能量较高的电子波的波长较低,反之亦然。因此,提高分辨率需要增加能量。电子波长比可见光波长短得多,因此可以获得非常高分辨率的图像。可见光的波长为 400~700nm。此外,对于 10kV 的加速电压,电子波长为 0.0122nm。

Ernst Ruska 和 Max Knoll 创建了第一台能够将物体放大 400 倍的电子显微镜 (electron microscope,EM)。在进一步的工作中,Ruska 将其分辨率提高到光学显微镜的分辨率之上,从而使 EM 成为显微镜工作者必不可少的工具。如今使用的 EM 不测量单一特性,而是测量材料的多个特性。所有 EM 的一个共同点是使用电子束。

16.2 节将介绍了有关 EM 的一些物理原理。首先讨论电子束的特性及其产生高分辨率图像的能力,然后介绍电子与物质的相互作用,以及由此产生的各种粒子和波。来自电子枪的快速移动的电子束穿过要成像的材料。在穿过材料的过程中,电子与材料中的原子相互作用。结合这两个基本原理,讨论 EM 的构造,还讨论样本制备和制备时的一般注意事项。感兴趣的读者可以参阅参考文献[BR98]、[DR03]、[HK93]、[Gol03]、[Haj99]、[Hay00]、[Key97]、[KB46]、[Kuo07]、[Sch89]、[Spl10]和[Wat97]。

16.2 物理原理

随着时间的推移,许多基础性和实践性的发现使 EM 成为可能。本节将讨论这些发现,并将它们放在创建电子显微镜的背景下。

EM 过程包括用高速电子束轰击样本,并记录从样本发出或通过样本传输的电子束。这些高速电子必须聚焦到样本中的某个点。1927 年,Hans Busch 证明电子束可以聚焦在非均匀的磁场上,就像光可以用透镜聚焦一样。四年后,Ernst Ruska 和 Max Knoll 通过构造这种磁性透镜证实了这一点。该镜头仍是当今 EM 设计的一部分。

第二个基本原理是 Louis de Broglie 证明的电子束的双重性质。电子束像可见光一样表现为波和粒子。因此,电子束具有波长和质量。

16.2.1　电子束

Louis de Broglie 证明了高速运动的电子同时具有粒子和波的特性。光束的波长由式(16.1)给出。因此,电子移动得越快,电子束的波长就越短。较低的波长会产生高分辨率图像。

$$\lambda = \frac{h}{mv} \tag{16.1}$$

其中 h 是普朗克常数,等于 6.626×10^{-34} Js; m 是电子质量, $m = 9.109 \times 10^{-31}$ kg; v 是粒子的速度。

光束以动能的形式存储能量,其公式如下:

$$E = \frac{mv^2}{2} = eV \tag{16.2}$$

其中 $e = 1.602 \times 10^{-19}$ 库仑是电子的电荷, V 是加速电压。

$$v = \sqrt{\frac{2eV}{M}} \tag{16.3}$$

将上式代入式(16.1)可得

$$\lambda = \frac{h}{\sqrt{2mev}} \tag{16.4}$$

由于除加速电压 V 之外,上式右侧的所有变量都是常数,因此可以简化为

$$\lambda = \frac{1.22}{\sqrt{V}} \tag{16.5}$$

其中 V 是以伏特为单位的电压。因此,对于 10kV 的加速电压,电子束的波长为 0.0122nm。

由于电子显微镜的光束速度和加速电压通常非常高,因此波长计算取决于相对论效应。对于这种情况,可以证明波长为

$$\lambda = \frac{h}{\sqrt{2mEv\left(1 + \frac{eV}{2m}{c^2}\right)}} \tag{16.6}$$

16.2.2　电子与物质的相互作用

在第 13 章中,讨论了 X 射线与材料的相互作用,还讨论了韧致辐射(制动)谱和特征谱。前者是在入射 X 射线穿过材料速度减慢时产生的,后者是在 X 射线将电子从轨道上击

落时形成的。

电子束具有类似于 X 射线的粒子和波的性质。因此,电子束表现出类似于 X 射线的光谱。由于电子的能量高于 X 射线能量,因此它很少产生其他辐射。辐射包括:

(1) 透射电子。

(2) 背散射电子(BSE)。

(3) 二次电子(SE)。

(4) 弹性散射电子。

(5) 非弹性散射电子。

(6) 俄歇电子(AE)。

(7) 特征 X 射线。

(8) 轫致辐射 X 射线。

(9) 可见光(阴极发光)。

(10) 衍射电子(DE)。

(11) 热。

这些现象如图 16.1 所示。各种辐射发生在材料的不同深度。产生这些辐射的区域称为电子相互作用区域。SE 在该区域的顶部生成,而轫致辐射 X 射线在底部生成。

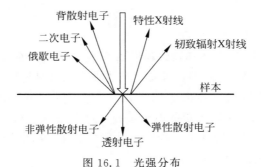

图 16.1　光强分布

在典型的 EM 中,并非所有这些辐射都可以测量。例如,在透射 EM(transmission EM,TEM)中,可以测量透射电子、弹性散射电子和非弹性散射电子。在扫描 EM(scanning,EM,SEM)中,可以测量 BSE 或 SE。

由于之前讨论了轫致辐射 X 射线和特征 X 射线,因此本章将重点介绍其他重要的辐射,即 BSE、SE 和 TE。

16.2.3　TEM 中电子的相互作用

TEM 在成像过程中测量三种不同的电子:透射电子、弹性散射(或衍射)电子和非弹性散射电子。

第 13 章讨论了将照相底片或数字检测器暴露于穿过材料后的 X 射线束来成像的方法。该图像是使用与材料在各个点的厚度和衰减系数成比例的不同强度的 X 射线形成的。在 TEM 中,入射电子束取代了 X 射线。与 X 射线不同,该光束透射样本时强度没有任何明显变化。这是由于电子束具有很高的能量,并且样本非常薄(大约 $100\mu m$)。样本中不透明的区域将透射较少的电子,并显得更暗。

光束的一部分被样本中的原子弹性散射(即没有能量损失)。这些电子遵循布拉格衍射定律。合成图像是一个衍射图案。

非弹性散射电子(即能量损失)有助于背景生成。TEM 中使用的样本通常非常薄。增加样本的厚度会导致更多的非弹性散射,从而产生更多的背景。

16.2.4　SEM 中电子的相互作用

TEM 样本通常很薄,因此相互作用的模式较少。而 SEM 使用的是厚的或大块样本,因此除了 16.2.3 节中讨论的模式外,还有更多的交互模式。

在 SEM 中,包括以下 7 种交互模式。

(1) 特征 X 射线。

(2) 轫致辐射 X 射线。

(3) 背散射电子(BSE)。

(4) 二次电子(SE)。

(5) 俄歇电子。

(6) 可见光。

(7) 热。

第 13 章中讨论了特征 X 射线和轫致辐射 X 射线的生成。前者是通过快速运动的电子将电子从其轨道上击出而产生的,而后者是由电子在穿过材料过程中减速产生的。

俄歇电子的产生机理类似于特征 X 射线。当快速运动的电子在轨道上发射电子时,它会在内壳中留下空位。来自更高壳层的电子填补了这个空缺。对于特征 X 射线,多余的能量以 X 射线的形式释放,而在俄歇电子的形成过程中会释放出电子。由于俄歇电子能量很低,因此通常仅在样本表面形成。

SE 是低压电子。它们的能量通常小于 50eV,在样本顶部发射。因为它们的能量太小而无法在材料内部发射,也无法被检测。由于 SE 是从表面顶部发射,因此用于对样本的形貌进行成像。

BSE 通过样本对原初电子的散射获取。这种散射发生在比产生 SE 的区域更高的深度处。具有高原子序数的材料会产生大量的 BSE,因此在 BSE 检测器图像中显得更亮。由于 BSE 是从样本内部发出的,因此它们可用于对样本的化学成分进行成像,也可用于形貌成像。

16.3　EM 构造

16.3.1　电子枪

电子枪产生加速的电子束。电子枪有两种不同类型:热电子枪和场发射枪。在前者中,电子是通过加热灯丝来发射的,而在后者中,电子是通过施加萃取势来发射的。

热电子枪的示意图如图 16.2 所示。灯丝通过电流加热,并通过热离子发射过程产生电子。它被定义为通过吸收热能发射电子。产生的电子数与通过灯丝的电流成比例。Wehnelt 帽保持在较小的负电位,以便带负电荷的电子通过小开口沿着所示的方向加速。阳极保持在正电势,因此电子沿着柱子向样本方向移动。加速是通过 Wehnelt 帽和阳极之间的电压实现的。

灯丝可以由钨或六硼化镧(LaB_6)晶体制成。钨丝可以在高温下工作,但不会产生圆形斑点。LaB_6 晶体可以产生圆形斑点,因此具有更好的空间分辨率。

场发射枪(FEG)的示意图如图 16.3 所示。使用的灯丝是锋利的钨金属尖端。尖端被削尖为大约 100nm 的尺寸。在冷的 FEG 中,通过使用引出电压(V_E)从外壳中提取电子。利用加速电压(V_A)加速提取的电子。在热离子 FEG 中,灯丝被加热以产生电子。提取的电子被加速到高能量。

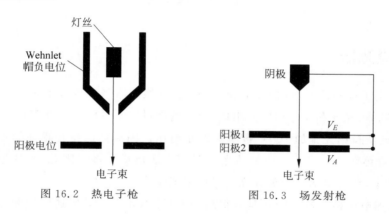

图 16.2　热电子枪　　　　图 16.3　场发射枪

16.3.2　电磁透镜

在第 15 章中,讨论了各种透镜、物镜和目镜的目的。透镜使来自物体的光可以被聚焦以形成图像。由于电子的行为像波,因此可以使用透镜将其聚焦。

根据在第 13 章中对图像增强器 Ⅱ 的讨论,电子会受到磁场的影响。在 Ⅱ 中,该现象带来问题,并导致失真。然而,可以使用一个受控磁场来引导电子,从而创建一个透镜。已经证明,在磁场中穿过真空的电子将沿着螺旋路径运动。

如图 16.4 所示,电子从点 O_1 进入磁场。点 O_2 是电子枪产生的所有电子都被磁场聚焦的点。距离 O_1-O_2 是透镜的焦距。定义焦距的数学关系式为

$$f = K \frac{V}{i^2} \tag{16.7}$$

其中 K 是基于线圈几何结构设计的常数,V 是加速电压,i 是通过线圈的电流。可以看出,增加线圈中的电压或减小电流都可以增加焦距。在光学显微镜中,给定透镜的焦距是固定

的,而电磁透镜的焦距可以改变。因此,在光学显微镜中,改变焦距的唯一方法是改变透镜(使用物镜架)或改变透镜之间的间距。此外,在电磁透镜中,可以通过改变电压和电流来改变放大倍数。电磁透镜的像差与光学透镜相似。其中一些是散光、色差和球面像差。通过在高公差下进行设计和制造可以克服这些缺陷。

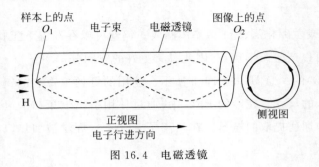

图 16.4　电磁透镜

16.3.3　检测器

(1) 二次电子检测器。使用 Everhart-Thornley 检测器测量 SE,如图 16.5 所示。它由法拉第笼、闪烁体、光导和光电倍增管组成。SE 的能量非常低(小于 50eV)。为了吸引这些低能量电子,向法拉第笼施加 100V 数量级的正电压。闪烁体保持在很高的正电压以吸引 SE。SE 被闪烁体转换为光子。产生的光太弱而无法形成图像。因此,光通过光导被引导到光电倍增管上,该光电倍增管放大光信号以形成图像。

(2) 背散射电子检测器。BSE 具有很高的能量,因此很容易传播到检测器。BSE 会向各个方向传播,因此定向检测器(如 Everhart-Thornley 检测器)只能收集少量电子,不足以形成完整的图像。BSE 检测器通常呈环形,如图 16.6 所示,放置在物镜正下方的电子柱周围。检测元件可以是半导体或闪烁体,将入射电子转换为使用相机记录的光子。

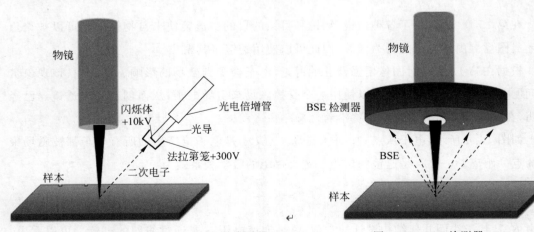

图 16.5　Everhart-Thornley 二次电子检测器　　　　图 16.6　BSE 检测器

16.4　样本制备

样本需要导电。因此,生物样本涂有一层薄薄的导电材料,如金、铂、钨等。在某些情况下,生物样本的涂层会影响样本的完整性。这时 SEM 可以在低电压下工作。由金属制成的材料不需要涂层,因为它们是导电的。

由于电子束只能在真空中传播,因此需要准备将样本放置在真空室中。有水的材料需要脱水。脱水过程会使样本收缩并变形。因此,样本必须经过化学固定,其中水被有机化合物取代。然后在成像之前,用导电材料涂覆样本。

另一种方法是使用冷冻固定法冷冻样本,通过将样本浸入液氮中(沸点＝－195.8℃)来快速冷却。样本的快速冷却保留了其内部结构,以便对其进行准确成像。快速冷却可确保不会形成会损坏样本的冰晶。对于 TEM,由于样本必须很薄,因此将冷冻固定的样本切成薄片或切片。

16.5　TEM 的构造

在前面的章节中,讨论了 TEM 和 SEM 的各个组成部分。接下来,将整合各个部分来构建 TEM 和 SEM。图 16.7 比较了基本的光学显微镜、TEM 和 SEM。尽管此讨论仅用于说明目的,但为确保良好的图像质量,整套设备由多个控制装置组成。

在各种情况下,光源或电子源都位于顶部。在光学显微镜中,光线穿过聚光镜、样本,然后是物镜或目镜,最后由眼睛观察或使用检测器成像。

对于 TEM,源是电子枪。加速的电子通过聚光镜聚焦、透射样本,最后通过物镜和目镜磁透镜聚焦形成图像。由于电子束只能在真空中传播,因此整个装置都放置在真空室中。

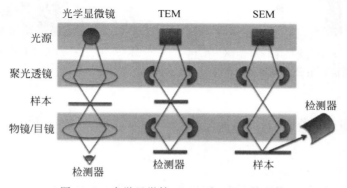

图 16.7　光学显微镜、TEM 和 SEM 的比较

图 16.8 显示了使用 TEM 获得的 Sindbis 病毒图像的示例[ZMP+O2]。

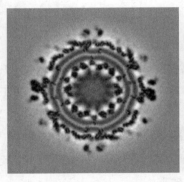 

(a) 使用TEM获得的三维图像切片   (b) 渲染到等值面的所有切片

图 16.8   TEM 切片及其等值面渲染(原始图像经明尼苏达大学 Wei Zhang 博士许可转载)

16.6   SEM 的构造

图 16.9 是 SEM 机器的示例。像 TEM 一样,SEM 的源是电子枪。然后,使用聚光透镜将加速的电子聚焦,从而在样本上形成一个小斑点。电子束与样本相互作用,并发射出 BSE、SE、俄歇电子等。使用之前讨论的检测器对其进行测量以形成图像。由于电子束只能在真空中传播,因此整个装置都放置在真空室内。

使用 SEM 获得的图像示例如图 16.10 所示。

图 16.9   SEM 机器(原始图像经卡尔·蔡司   图 16.10   使用 SEM 获得的 BSE 图像
显微镜有限公司许可转载)

16.7   影响图像质量的因素

决定图像质量的三个因素是:

(1)电压。电压通常小于 30kV。使用更高的电压可以获得更好的对比度(即更高的对比度分辨率)。较低电压可用于生物样本成像,无须固定。更高的电压产生的电子可更深地穿透样本,从而产生更大的相互作用体积。随着相互作用体积的增加,样本对电子束响应的成分发生变化。例如,在低电压下,俄歇电子和二次电子主要从电子束与样本的相互作用中发射出来。在高电压下,会发射背散射电子和 X 射线。

（2）工作距离（working distance，WD）。工作距离是电子柱末端与样本顶部之间的距离。较短的工作距离用于高分辨率成像。对于如半导体晶片等扁平物体,工作距离几乎是一个常数,而在对生物样本进行成像时,它可能会发生显著变化。

（3）斑点尺寸。斑点尺寸决定图像的空间分辨率。斑点尺寸越小,空间分辨率越高,反之亦然。

16.8　总结

（1）EM 涉及样本上的轰击高速电子束和其响应记录。

（2）对电子成像是可能的,因为它同时具有粒子和波的性质。

（3）电子的波长与加速电压的平方根成反比。增加加速电压可以降低波长或提高分辨率。典型的加速电压为 30kV。

（4）高速电子束轰击样本,产生特征 X 射线、轫致辐射 X 射线、背散射电子（BSE）、二次电子（SE）、俄歇电子、可见光和热。BSE 和 SE 是 SEM 中最常测量的电子。

（5）EM 使用电磁透镜聚焦光束。

（6）BSE 是用一个环绕电子束轴的环形检测器测量的。

（7）SE 是用 Everhart-Thornley 检测器进行测量的。

（8）与光学显微镜不同,由于电子显微镜在真空中进行成像,因此需要仔细准备样本。

（9）决定图像质量的参数为电压、工作距离和光斑尺寸。

16.9　练习

（1）SEM 的加速电压为 10kV,计算产生的电子的波长。

（2）对比 TEM 和 SEM 的工作原理。

（3）列出从样本表面开始的电子相互作用区域中各种光谱的生成顺序。

附录 A
使用 joblib 实现进程并行

A.1 基于进程的并行性简介

Python 代码的执行将启动一个 Python 进程，该进程接受指令并执行。如果需要使用同一条指令处理多个图像，那么 Python 进程会依次对每个图像运行指令。如果有 8 张图像，并且每张图像需要 1 分钟处理，则总处理时间将为 8 分钟。但是，一台典型的现代计算机有多个内核，每个内核都可以处理一个 Python 进程，因此，最好并行处理每张图像并使用现代计算机中的所有内核，这可以通过使用 Python 的 joblib 模块实现。如果一台计算机有 8 个内核，并且启动 8 个 Python 进程，则可以在 1 分钟内以 8 倍的速度完成上述处理。现代服务器具有 12 个以上的内核，因此可以使用 joblib 获得相当大的加速。

A.2 joblib 简介

模块 joblib[Job20] 旨在执行基于进程的并行。它还具有其他功能，但是此处的讨论仅限于并行性。用于并行化的 joblib 机制是一个称为 Parallel 的类，这种机制可以轻松地将现有的串行代码转换为并行代码，而不会给程序员带来巨大的工作量。

Parallel 类实例采用生成器表达式[PC18]。Python 中的生成器返回一个对象（也称为迭代器），可以一次迭代获取一个值。需要并行化的函数必须由 joblib 的 delayed 装饰器修饰。

下面将讨论几个示例，其中将计算 0～9 之间数字的立方值，以演示 joblib 并行代码的语法。然后，通过使用 joblib 并行处理图像来完成任务。

A.3 并行示例

在接下来的三个示例中，将并行化相同的功能（要并行化的任务在名为 cube 的函数中定义)。该函数接收参数 x 并返回其立方值。在所有情况下,都从 joblib 导入 Parallel 类和 delayed 装饰器。参数 n_jobs 确定并行进程的数量。值－1 表示并行进程的数量等于内核的数量。如果使用值 1,则并行进程数将为 1。

当运行以下示例时,建议在操作系统中打开进程监视器,如 Windows 的任务管理器、Mac 的活动监视器或 Linux 上的 top。注意,新的 Python 进程的创建与 n_jobs 的值成比例。

在第一个示例中,cube 函数用 delayed 装饰器修饰。生成器表达式获取值 0～9 并将其传递给 cube 函数。

```
from joblib import Parallel, delayed
def cube(x):
    return x * x * x
Parallel(n_jobs = - 1)(delayed(cube)(i) for i in range(10))
```

在第二个示例中,使用 delayed 修饰 cube 函数,并在函数定义上方使用更熟悉的@语法,从而使生成器表达式更简洁。

```
from joblib import Parallel, delayed
@delayed
def cube(x):
    return x * x * x
Parallel(n_jobs = - 1)(cube(i) for i in range(10))
```

在第三个示例中,使用修饰的 cube 函数,并生成显式生成器表达式。然后,将此生成器表达式提供给 Parallel 类。

```
from joblib import Parallel, delayed
@delayed
def cube(x):
    return x * x * x
gen = (cube(i) for i in range(10))
Parallel(n_jobs = - 1)(gen)
```

这三种机制虽然产生相同的结果,但是第三种机制更具可读性。

在最后一个示例中,将讨论更实际的并行化案例。在本例中,将执行第 5 章中讨论的 sigmoid 校正。sigmoid 函数将文件名作为输入,使用 OpenCV 读取图像,然后执行 sigmoid 校正并将校正后的图像存储为文件。该函数使用@delayed 修饰,以便可以并行运行。生成器表达式(在本例中称为 gen)接受一个文件名列表,对其进行迭代,并为每个图像调用 sigmoid 函数。当代码执行时,打开操作系统的进程监视器,将看到多个 Python 进程正在运行。

```
import os
import cv2
from skimage. exposure import adjust_sigmoid
from joblib import Parallel, delayed

@delayed
def sigmoid(folder, file_name):
```

```
        path = os.path.join(folder, file_name)
        img = cv2.imread(path)
        img1 = adjust_sigmoid(img, gain = 15)
        output_path = os.path.join(folder,'sigmoid_' + file_name)
        cv2.imwrite(output_path, img1)


folder = 'input'
file_names = ['angiogram1.png', 'sem2.png', 'hequalization_input.png']
gen = (sigmoid(folder, file_name) for file_name in file_names)
Parallel(n_jobs = - 1)(gen)
print("Processing completed.")
```

附录 B
使用 MPI4Py 进行并行编程

B.1   MPI 简介

消息传递接口(message passing interface,MPI)是一个专门为并行计算机编程而设计的系统。它定义了一个可以使用 FORTRAN 或 C 进行编程的例程库,并得到大多数硬件供应商的支持。有一些流行的 MPI 版本可供免费和商业使用。MPI 1 于 1994 年发布,当前版本为 MPI 2。本附录简要介绍了如使用 Python 和 MPI 进行并行编程,有兴趣的读者可查阅 MPI4Py 文档[MPI20]和有关 MPI[GLS99]和[Pac11]的书籍,以了解更多详细信息。

MPI 在分布式内存系统和共享内存系统上都很有用,分布式内存系统由一组使用高速网络连接的节点(包含一个或多个处理器)组成。每个节点都是一个独立的实体,可以使用 MPI 与其他节点进行通信。内存不能跨节点共享,即一个节点中的内存位置不能被另一个节点中运行的进程访问。共享内存系统由一组节点组成,这些节点可以从所有节点访问相同的内存位置。共享内存系统更容易使用 OpenMP、线程编程、MPI 等进行编程,因为可以将它们想象成一个大型桌面。分布式内存系统需要 MPI 进行点到点的通信,也可以使用 OpenMP 或基于线程的编程进行节点内的计算。

有大量的书籍和在线文献教授 MPI 和 OpenMP 编程[Ope20b]。因为这是关于 Python 编程的,所以本节的范围将限制为使用 Python 编程 MPI。我们将讨论一个名为 MPI4Py 的 Python MPI 包装器。在开始讨论 MPI4Py 之前,将解释 MPI 在图像处理计算中的必要性。

B.2   Python 图像处理对 MPI 的需求

图像采集收集了数十亿个体素的三维数据。通过读取图像和处理图像,然后读取下一张图像来串行分析这些数据将导致计算时间过长。这将产生速度瓶颈,特别是考虑到大多数成像系统接近实时成像。因此,并行处理图像至关重要。假设一个图像处理操作在一个 CPU 内核上需要 10 分钟的处理时间。如果要处理 100 张图像,则总计算时间将为 1000 分钟。相反,如果将100张图像送到100个不同的CPU内核,则可以在10分钟内处理完这些图像,因为所有图像都是同时处理的,这样可以使速度提高100倍。图像处理可以在几分钟或几小时内完成,而不是几天或几周。此外,许多图像处理操作(如滤波或分割)可以轻松并行化。因此,当一个节点在一个图像上进行计算时,第二个节点可以在不同的图像上进行计算,无须两个节点之间进行通信。大多数教育和商业机构都已建造或购买了超级计算机或集群。Python和MPI4Py可用在这些系统上更快地运行图像处理计算。

B. 3　MPI4Py 简介

MPI4Py是建立在MPI 1和MPI 2之上的Python绑定。它支持Python对象的点对点通信和集体通信,下面将详细讨论这些通信方式。可通信的Python对象必须是可保存的,即可以使用Python的pickle、cPickle模块或NumPy数组保存Python对象。

MPI的两种编程模式是单指令多数据(single instruction multiple data,SIMD)和单程序多数据(single program multiple data,SPMD)。在SIMD编程中,相同的指令在每个节点上运行,但数据是不同的。SIMD的图像处理实例是通过将图像划分为子图像并针对每次处理将结果写入一个图像文件来执行滤波操作的。在这种情况下,对不同节点上的每个子图像执行相同的滤波指令。在SPMD编程中,包含多个指令的单个程序运行在具有不同数据的不同节点上。例如,滤波操作不同(需要将图像划分为多个子图像并进行滤波),但是不将结果写入文件,而是其中一个节点收集滤波后的图像并在保存之前对其进行排列。在这种情况下,大多数节点执行相同的滤波操作,而其中一个节点执行额外的操作以收集其他节点的输出。通常,SPMD操作比SIMD操作更常见。下面将讨论基于SPMD的编程。

构建MPI程序使在每个节点上运行相同的程序。为了更改特定节点的程序行为,可以对该节点的等级(也称为节点编号)进行测试,并且可以单独为该节点提供备用或附加指令。

B. 4　通信器

通信器在一个MPI会话中绑定进程组。在最简单的形式中,一个MPI程序至少需要一个通信器。在下面的示例中,使用通信器获取给定MPI程序的大小和编号。第一步是从MPI4Py导入MPI,然后可以使用Get_size()函数和Get_rank()函数获得大小和编号。

```
from mpi4py import MPI
import sys
size = MPI.COMM_WORLD.Get_size()
rank = MPI.COMM_WORLD.Get_rank()
print("Process %d among %d" % (rank, size))
```

这个Python程序可以在命令行上运行。在超级计算机设置中,它通常作为作业提交,如便携式批处理系统(portable boctch system,PBS)作业。此类程序的示例如下所示。在程序的第 2 行中,使用 nodes 指定节点数,使用 ppn 指定每个节点的处理器数量,使用 pmem 指定每个处理器的内存量,使用 walltime 指定程序需要执行的时间。本例中的 walltime 为10 分钟。程序的第 3 行指定了 Python 程序和其他文件所在的目录。该程序可以另存为文本文件,名称为 run. pbs。该名称是任意的,可以替换为文本文件的任何其他有效文件名。

```
#!/bin/bash
# PBS - l nodes = 1:ppn = 8,pmem = 1750mb,walltime = 00:10:00
cd $ PBS_O_WORKDIR
module load python - epd
module load gcc ompi/gnu
mpirun - np 8 python firstmpi.py
```

必须使用命令 qsub run. pbs 提交 PBS 脚本。排队系统完成其任务并输出两个文件:错误文件,其包含程序执行期间生成的所有错误消息;输出文件,其包含程序命令行的输出内容。在接下来的几个示例中,将使用相同的 PBS 脚本执行 Python 文件名的更改。

B. 5 通信

MPI 的一项重要任务是允许两个不同进程或节点之间的通信,正如其名称"消息传递接口"所证明的那样。通信方式有很多,最常见的是点对点通信和组通信。在 MPI 情况下,通信通常涉及不同进程之间的数据传输。MPI4Py 允许传输任何可保存的 Python 对象或NumPy 数组。

B. 5. 1 点对点通信

点对点通信只涉及在两个不同的 MPI 进程或节点之间传递消息或数据。其中一个进程发送数据,另一个进程接收数据。

MPI4Py 中有不同类型的发送函数和接收函数,分别是:

(1)阻塞通信。

(2)非阻塞通信。

(3)持久通信。

在阻塞通信中,MPI4Py 阻塞等级,直到进程之间的数据传输完成并且进程可以安全地返回主程序。因此,在通信完成之前,不能对进程执行计算。这种模式效率低下,因为进程在数据传输期间处于空闲状态。MPI4 中常用的阻塞通信函数是 send()、recv()、Send()和Recv()等。

在非阻塞通信中,正在传输的节点在开始处理下一条指令之前不会等待数据传输完成,在数据传输结束时执行测试以确保其成功。而在阻塞通信中,测试是数据传输的完成。MPI4Py 中常用的非阻塞通信函数有 isend()、irecv()、isend()和 irecv()等。

在某些情况下,成对进程之间需要保持通信的畅通。这时,将使用持久通信。它是可以保持开放的非阻塞通信的子集。如果使用非阻塞通信,则可减少创建和关闭通信的开销。MPI4Py 中点对点通信的常用函数是 Send_init()和 Recv_init()。

以下程序是阻塞通信的示例。等级 0 创建了一个名为 data 的可保存的 Python 字典,其中包含两个键值对。然后,使用 send 函数将 data 发送到第二个等级。dest 参数中指明了此数据的目的地。等级 1(在 elif 语句下)使用 recv 函数接收 data。source 参数表示需要从等级 0 接收数据。

```python
from mpi4py import MPI
comm = MPI.COMM_WORLD
rank = comm.Get_rank()
if rank == 0:
    data = 'a': 7, 'b': 3.14
    comm.send(data, dest = 1, tag = 11)
    print("Message sent, data is: ", data)
elif rank == 1:
    data = comm.recv(source = 0, tag = 11)
    print("Message Received, data is: ", data)
```

B.5.2 组通信

组通信允许同时在多个进程之间传输数据。此通信方式是阻塞通信。可以应用于以下 4 个场景。

(1)向所有进程"广播"数据。

(2)将大量数据"分散"到不同的进程中。

(3)"收集"所有进程的数据。

(4)从各个进程"归约"数据并执行数学运算。

在广播通信中,将相同的数据复制到所有进程。它用于分发将被所有进程使用的数组或对象。例如,一个 Python 元组可作为用于计算的数据分发到各个进程。

在分散方法中,数据被分解为多个数据块,每个数据都被传输到不同的进程中。此方法可用于将图像分解为多个子图像,并将这些子图像传输到不同的进程。然后,进程可以对不同的子图像执行相同的操作。

在收集方法中,来自不同进程的数据被聚合并移动到其中一个进程。收集方法的一个变体是全收集方法。这种方法收集不同进程的数据,并将它们放在所有进程中。

在归约方法中,不同进程的数据在执行求和、乘法等归约操作后被聚合并放置在其中一个进程中。归约方法的一个变体是"全局归约"方法。该方法从不同的进程中收集数据,进行归约运算,并将结果放在所有进程中。

下面的程序使用广播通信将一个 3×3 的 NumPy 数组传递给所有进程。包含除中心元素以外的所有元素的 NumPy 数组在进程 0 中创建,并使用 bcast 函数进行广播。

```python
from mpi4py import MPI
import numpy
comm = MPI.COMM_WORLD
rank = comm.Get_rank()
```

```
if rank == 0:
    data = numpy.ones((3,3))
    data[1,1] = 3.0
else:
    pass
data = comm.bcast(data, root = 0)
print("rank = ", rank)
print("data = ", data)
```

B.6　计算 PI 值

下面的程序结合了到目前为止演示的所有 MPI 元素。除了 MPI 进程之外，本例中将使用的各种 MPI 编程原则包括 MPI 屏障、MPI 组通信，特别是 MPI 归约。

该程序使用 Gregory-Leibniz 级数计算 PI 的值。在第 2 章中讨论了程序的串行计算版本。程序执行从 if _name_行开始。首先获得程序的进程和大小。待计算系数总数被划分到各个进程中，以便每个进程接收相同数量的系数。因此，如果程序有 10 个进程，并且待计算系数总数为 100 万，则每个进程将计算 100000 个系数。一旦计算出系数，就会调用 calc_partial_pi 函数。此函数计算每个进程的 partial pi 值，并将其存储在变量 partialval 中。调用 MPI 屏障函数以确保所有进程在下一行（即 comm.reduce()函数）之前完成所有计算，从而将各个进程的编号相加并存储在变量 finalval 中。最后，第一个进程打印 PI 的值，即 finalval 内容。

```
from mpi4py import MPI
import sys
import numpy as np
import time
def calc_partial_pi(rank, noofterms):
    start = rank * noofterms * 2 + 1
    lastterm = start + (noofterms - 1) * 2
    denominator = np.linspace(start, lastterm, noofterms)
    numerator = np.ones(noofterms)
    for i in range(0, noofterms):
        numerator[i] = pow(- 1, i + noofterms * rank)

    # 找到比率并将所有分数相加以获得 PI 值
    partialval = sum(numerator/denominator) * 4.0
    return partialval


if __name__ == '__main__':
    comm = MPI.COMM_WORLD
    rank = comm.Get_rank()
    size = MPI.COMM_WORLD.Get_size()
    totalnoterms = 1000000
    noofterms = totalnoterms/size
    partialval = calc_partial_pi(rank, noofterms)
    comm.Barrier()
    finalval = comm.reduce(partialval, op = MPI.SUM, root = 0)
    if rank == 0:
        print("The final value of pi is ", finalval)
```

附录 C
ImageJ 简介

C.1 简介

在所有讨论中都使用 Python 进行图像处理。在很多情况中,Python 有助于查看图像,因此可以轻松地对用 Python 编写的图像处理算法进行原型化。这样的软件程序有很多,最受欢迎且功能最强大的是 ImageJ。本附录是对 ImageJ 的介绍。有兴趣的读者可以在其网站[Ins20]中查看 ImageJ 文档以获取更多详细信息。

ImageJ 是一个基于 Java 的图像处理软件。它的流行是因为它具有开放的架构,因此可以使用 Java 和宏对其进行扩展。由于其开放性,有许多由科学家和专家编写的插件可以免费获得。

ImageJ 可以读写大多数图像格式,也可以读写 DICOM 等专用格式,与 Python 类似。由于 ImageJ 能够读取和写入多种格式的图像,因此它在各个科学领域都很流行。它可用于处理放射学图像、显微镜图像、多模态图像等。

ImageJ 可用于大多数常见的操作系统,如 Microsoft Windows、Mac OS X 和 Linux。

C.2 ImageJ 入门

可以按照 http：//rsb. info. nih. gov/ij/download. html 上的说明进行安装,根据操作系统的不同,运行 ImageJ 的方法可能会有所不同。这些说明可在该网站上找到。由于 ImageJ 是使用 Java 编写的,因此界面在所有操作系统上看起来都是相同的,可以轻松地从一个操作系统转换到另一个操作系统。图 C.1 显示了 Mac OS X 上的 ImageJ。

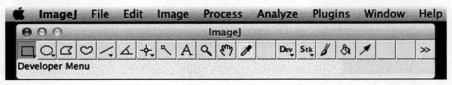

图 C.1　ImageJ 主界面

可以选择 File→Open 菜单项打开文件,该文件的示例如图 C.2 所示。也可以选择
File→Import→Image Sequence... 菜单项打开存储为一系列二维切片文件的三维体数据。

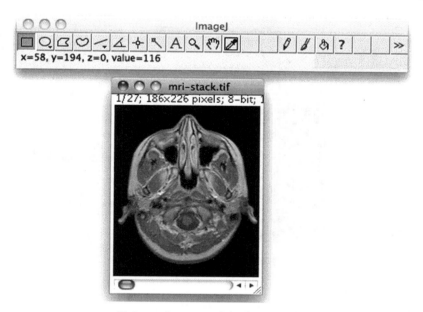

图 C.2　在 ImageJ 中打开 MRI 图像

第 3 章介绍了窗口和灰度级的基础知识。选择 Image→Adjust→Window/Level 菜单
项可以对图 C.2 中的图像进行窗口和灰度级的调整。也可以使用如图 C.3 所示的滑块进
行调整。

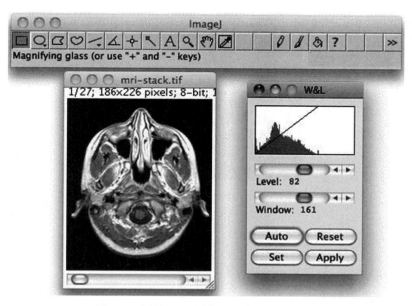

图 C.3　调整 MRI 图像上的窗口或灰度级

　　之前讨论过各种图像处理技术，如滤波、分割等。这些操作也可以使用 ImageJ 的 Process 菜单来执行。图 C.4 显示了在图像上应用中值滤波器的方法。

图 C.4　应用中值滤波器

　　使用 Analyze 菜单项可以获得图像的直方图、均值、中值等统计信息。图 C.5 演示了使用 Analyze 菜单项获取直方图的方法。

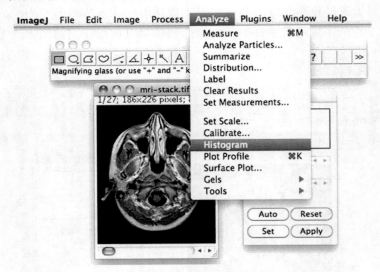

图 C.5　获取图像的直方图

附录 D
MATLAB 和 NumPy 函数

本附录为那些正在从 MATLAB 向 Python 迁移并对使用 NumPy 将 MATLAB 脚本转换为等效 Python 程序感兴趣的程序员提供服务。

MATLAB[Mat20b] 是一种流行的商业软件,广泛应用于包括图像处理在内的各个科学领域的计算。MATLAB 和 Python 都是解释型语言,它们都是动态类型,即变量在使用之前不必声明。它们都允许快速编程。

NumPy 在设计上与 MATLAB 相似,因为它们都是基于矩阵操作。由于它们的相似性,可以在 MATLAB 中找到用于 NumPy 中的特定任务的等效函数,反之亦然。表 D.1 列出了 NumPy 函数及其 MATLAB 等效函数。第 1 列为 NumPy 函数,第 2 列为等效的 MATLAB 函数,最后一列给出函数的描述。可以在文献[Sci20b]中可以找到更详细的表格。

表 D.1　NumPy 函数、MATLAB 等效函数与函数描述

NumPy 函数	MATLAB 等效函数	函数描述
a[a < 10] = 0	a(a < 10) = 0	将 a 中值小于 10 的元素替换为零
dot(a, b)	a * b	矩阵相乘
a * b	A. * b	逐个元素相乘
a[− 1]	a(end)	访问矩阵 a 中的最后一个元素
a[1, 5]	a(2, 6)	访问 a 中第 2 列和第 6 列中的元素
a[3] or a[3 :]	a[4]	a 的整行
a[0 : 3] or a[: 3] or a[0 : 3, :]	a(1 : 3, :)	访问 a 的前三行。在 Python 中,最后一个索引不包含在限制中
a[− 6 :]	a(end − 5:end, :)	访问 a 的最后几行
a[0 : 5][:, 6 : 11]	a(1 : 5, 7 : 11)	访问 a 中的第 1 到 5 行和第 7 到 11 列
a[:: − 1, :]	a(end : − 1 : 1, :) or flipud(a)	以相反的顺序访问行
zeros((5, 4))	zeros(5, 4)	创建大小为 5×4 的零数组。使用内括号是因为矩阵的大小必须作为元组传递

NumPy 函数	MATLAB 等效函数	函数描述
a[r[: len(a), 0]]	a([1 : end1], :)	第一行的副本将附加在矩阵 a 的末尾
linspace(1, 2, 5)	linspace(1, 2, 5)	在 1 和 2 之间(包括 1 和 2)创建了五个等距样本
mgrid[0 : 10., 0 : 8.]	[x, y] = meshgrid (0 : 10, 0 : 8)	创建一个二维数组,其 x 值范围为[0,10],y 值范围为[0,8]
shape(a) 或 a.shape	size(a)	给出 a 的大小
tile(a, (m, n))	repmat(a, m, n)	创建 a 的 m×n 个副本
a.max()	max(max(a))	输出二维数组 a 的最大值
a.transpose() or a.T	a'	a 的转置
a.conj().transpose()or a.conj().T	a'	a 的共轭转置
linalg.matrix rank(a)	rank(a)	矩阵 a 的秩
linalg.inv(a)	inv(a)	方阵 a 的逆矩阵
如 a 是方阵, 则为 inalg.solve(a, b),否则 linalg.lstsq(a, b)	a/b	在 ax = b 中求解 x
concatenate((a, b), 1) 或 hstack ((a, b)) 或 column stack((a, b))	[a b]	沿水平方向连接 a 和 b 的列
vstack((a, b))或 row stack ((a, b))	[a;b]	沿垂直方向连接 a 和 b 的列

参 考 文 献

本书参考文献请扫描下方二维码查阅。

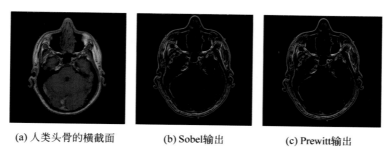

(a) 人类头骨的横截面　　　**(b) Sobel输出**　　　**(c) Prewitt输出**

图 4.13　Sobel 和 Prewitt 示例

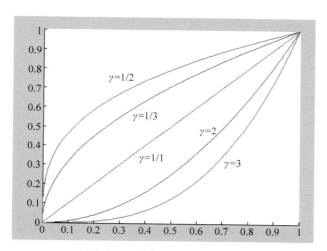

图 5.4　不同 γ 的幂律变换图

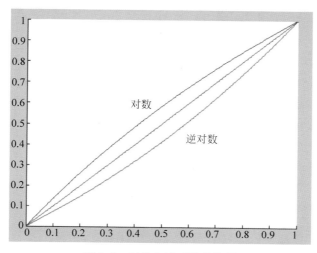

图 5.6　对数和逆对数转换图

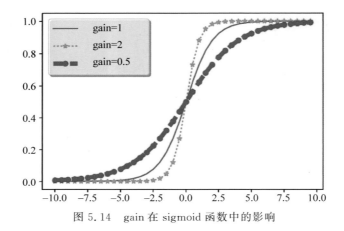

图 5.14 gain 在 sigmoid 函数中的影响

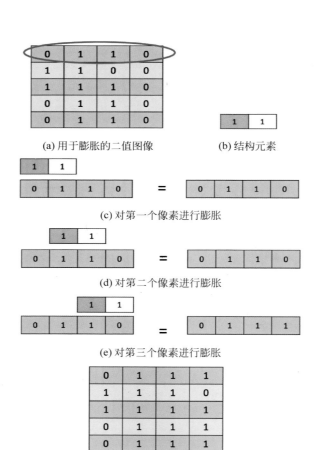

(a) 用于膨胀的二值图像   (b) 结构元素

(c) 对第一个像素进行膨胀

(d) 对第二个像素进行膨胀

(e) 对第三个像素进行膨胀

(f) 最终输出

图 9.1 二值膨胀示例

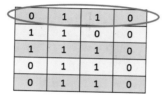

(a) 用于腐蚀的二值图像　　(b) 结构元素

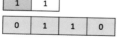

(c) 对第一个像素进行腐蚀

(d) 对第二个像素进行腐蚀

(e) 对第三个像素进行腐蚀

(f) 最终输出

图 9.3　二值腐蚀示例

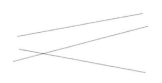

(a) 输入图像

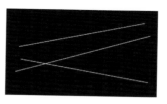

(b) 阈值图像

(c) 检测到的线

图 10.2　霍夫线变换示例

(a) FAST角点检测器的输入　　　　　　(b) FAST角点检测器的输出

图 10.5　　FAST 角点检测器示例

(a) Harris角点检测器的输入　　　　　　(b) Harris角点检测器的输出

图 10.6　　Harris 角点检测器示例

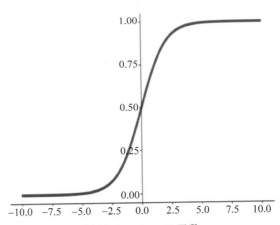

图 11.1　　sigmoid 函数

(a) 输入图像　　　　　　(b) 最大池化图像

图 12.1　　在子图像上应用最大池化示例